基于智能手机的立木测量技术与方法

徐爱俊　著

本书受国家自然科学基金项目（项目编号：31670641）、浙江省重点研发计划项目（项目编号：2018C02013）资助

科 学 出 版 社
北　京

内 容 简 介

本书从系统性角度出发，对基于智能手机的立木树高、胸径与冠幅等测树因子的测算进行理论、技术与方法研究，根据普通智能手机摄像头的结构特征和手机内置传感器的坐标系统原理，以手机摄像头和相关内置传感器为信息采集工具，结合近景摄影测量技术和计算机视觉技术自动测量单株或多株立木的树高、胸径与冠幅等测树因子，建立以信息技术为基础的立木因子自动测量技术与方法研究。

本书可作为高等学校计算机科学与技术、林业工程、森林经理学、森林保护、林业信息技术等专业或方向的高年级本科生、硕士研究生、博士研究生的教材或参考书，也可供相关领域科技工作者以及企事业单位工作人员参考阅读。

图书在版编目(CIP)数据

基于智能手机的立木测量技术与方法 / 徐爱俊著. —北京：科学出版社，2019.6

ISBN 978-7-03-059821-9

Ⅰ. ①基… Ⅱ. ①徐… Ⅲ. ①单株立木测定 Ⅳ. ①S758.1

中国版本图书馆 CIP 数据核字（2018）第 270679 号

责任编辑：王会明 / 责任校对：王 颖

责任印制：吕春珉 / 封面设计：耕者设计工作室

科学出版社 出版

北京东黄城根北街 16 号

邮政编码：100717

http://www.sciencep.com

三河市骏杰印刷有限公司印刷

科学出版社发行 各地新华书店经销

*

2019 年 6 月第 一 版 开本：B5（720×1000）

2019 年 6 月第一次印刷 印张：11 3/4

字数：228 000

定价：98.00 元

（如有印装质量问题，我社负责调换〈骏杰〉）

销售部电话 010-62136230 编辑部电话 010-62135927-8022

前　言

森林资源数据的采集是森林资源监测与管理的重要工作之一。在各类森林资源调查工作中，测定立木的树高、胸径和冠幅等测树因子是其重要内容。对这些测树因子的测量，传统的方法耗资大、效率低且精度不高；随着科学技术的发展，相关精密仪器在森林调查中发挥了显著的作用，但却因技术操作、适用范围等限制，缺乏普适性。目前，国内外仍未找到一种快捷、简便、可靠的测量方法，相关科研人员和林业科技工作者一直在探索采用当今先进技术进行森林资源调查的方法，以适应当前“智慧林业”建设对森林资源调查工作的更高要求。随着信息技术的进步和智能终端软硬件系统的快速发展，采用智能手机获取立木的树高、胸径和冠幅等测树因子成为可能，也将在测树装备方面引起一场新的变革。

作者积累多年在智慧林业和计算机应用研究领域的成果与经验，并结合国内外智慧林业研究的最新成果撰写了本书，以供林业工作者和相关科研人员参考，希望起到抛砖引玉的作用。

本书根据普通智能手机摄像头的结构特征和手机内置传感器的坐标系统的工作原理，以普通智能手机摄像头作为信息采集工具，利用摄像测量学等技术，对单株或多株的立木树高、胸径和冠幅等测树因子进行自动测量，并以信息技术为基础对立木自动测量技术与方法进行研究。其主要研究内容有以下 5 个方面。

1）研究带有非线性畸变参数的相机成像模型

通过分析智能手机的摄像机图像传感器、成像原理、对焦成像模块，研究摄像机成像模型中计算机图像坐标系、图像物理坐标系、摄像机坐标系和世界坐标系之间的转换关系，分析手机摄像头在测量成像过程中的畸变问题，研究在中心透视投影模型中引入非线性畸变项消除或减少畸变误差，构建带有非线性畸变参数的相机成像模型。

2）立木与智能手机之间的空间几何模型

根据立木的坐标位置、手机摄像头的坐标位置、手机与立木之间距离等因素，分析立木与手机之间的空间几何关系。

3）研究基于智能手机建立测量单株立木树高和胸径的测量模型

（1）利用手机内置的重力传感器的工作原理，实时获取手机的角度值。通过分析传感器的三维坐标系与手机的自然坐标系统之间的关系，研究获取手机的倾斜角度。

（2）根据手机传感器和摄像头的工作原理，并结合倾斜角度自动测量立木间的距离。

（3）通过自动获取的有效距离及已知的有效镜头焦距等自动获取相机参数。

（4）利用得到的相机参数及设备预设参数，通过相机成像模型，可根据目标立木的图像信息，反算出单株立木的空间信息。

（5）根据智能手机的自然坐标系统与立木的实际立体空间坐标关系，建立立木、手机位置、相机参数等因子的立木测量模型。通过该模型可以求解单株立木的树高、胸径和冠幅等测量值。

4）研究多株立木因子的自动测量模型

研究只需拍摄一幅图像就能测量出多株立木的树高、胸径和冠幅等信息，根据相机参数、有效距离、像素个数的比例关系等，建立立木因子测量模型（包括立木胸径、树高和冠幅测量模型），自动测量排列无序的多株立木的测树信息。

5）开发立木测量系统

在上述研究内容的基础上，开发基于 Android 系统的手机摄像，可实时获取测量参数，或获取图片，实现图像的导入、放大缩小、相机预设值、胸径计算、树高计算、冠幅计算及测量误差修正等基本功能的自动测量立木的原型系统。

本书适合作为计算机科学与技术、林业工程、森林经理学、森林保护、林业信息技术等专业或方向的高年级本科生、硕士研究生、博士研究生和林业科技工作者学习和研究的教材或参考书。为此，作者在叙述上力求通俗易懂、深入浅出。

参与本书撰写和实验的人员还有管昉立、武新梅、周素茵、周克瑜、阮晓晓、杨婷婷、高莉平、陈相武等，作者在此表示感谢。由于作者水平有限，书中不当之处在所难免，敬请读者批评指正。

目　录

第1章 概　　述

在森林资源调查工作和管理工作中，森林资源数据的采集是森林资源监测与管理的重要工作之一，数据的采集方法是否合理以及数据采集的效率是否高效是我国现阶段林业信息化发展的重要内容（史洁青等，2017；赵芳等，2014）。在森林资源一类调查和二类调查工作中，立木因子测量是森林资源外业调查工作的重要内容之一，其中，测定立木的树高（tree height）、胸径（diameter at breast height，DBH）、冠幅（crown diameter）等测树因子是其重要的内容。对这些测树因子的测量，传统的方法大多需要人工读取并记录测量数据（孟宪宇，2013），耗资大、效率低且精度不高；随着科学技术的不断发展，电子全站仪、电子经纬仪、GPS等精密仪器在森林调查中有了显著的作用，但存在技术操作、适用范围等缺点，缺乏普适性。目前，国内外都没有找到一种快捷、简便、可靠的测量方法（张琳原等，2014），相关科研人员和林业科技工作者一直在探索采用先进技术进行森林资源调查的方法，以适应当前“智慧林业”建设对森林资源调查工作的更高要求。

随着信息技术在智能终端软硬件系统方面的快速发展，利用智能手机获取立木的树高、胸径和冠幅等测树因子成为可能，这也将为测树装备发展带来一系列变革。同时，随着公众对林业、生态环境关注度的提高，也可以通过非专业装备获取以前依赖专业装备才能获取的相关信息。

1.1 森林资源调查

森林资源调查包括一类调查、二类调查和三类调查，一类调查是指全国的森林资源连续调查；二类调查是指森林资源规划设计调查；三类调查是指森林资源作业设计调查（史洁青等，2017；赵芳等，2014），三者相互贯穿衔接形成森林资源调查体系。森林资源调查是合理组织森林经营，实现森林多功能永续利用，建立和健全各级森林资源管理及森林计划体制的基本技术手段。我国每年都需要花费大量的人力、物力和财力进行森林资源的调查工作。

1.2 立木因子测量

在森林资源调查中，测定样地内立木的树高、胸径、蓄积量等测树因子是其重要的内容（赵芳等，2014）。立木胸径定义为立木主干距离地面固定高度处的直径，现今包括我国在内的大多数国家对于立木胸径的定义为立木所在环境地面以上 1.3m 高度处的立木主干直径为立木胸径。在森林资源调查工作中，立木胸径的传统测量方法为人工测量，依靠胸径尺或皮尺等测量工具进行人工实地测量并记录。由于野外工作环境复杂，工作量较大，且人力成本高，传统测量方法效率较低（叶添雄，2016）。目前在林业资源调查工作中，仍未找到一种高效且高精度的立木测量解决方法。国内外的相关科研人员和林业科技工作者仍在探索一种高效便捷的方法来提高森林资源调查的效率，以适应当前“数字林业”和“精准林业”对森林资源调查工作的更高要求（闫飞，2014）。

随着现代科技的进步，基于 Android 系统的智能手机得到了快速的发展。当前，智能手机与个人的生活和工作关系密切，采用智能手机获取立木的树高、胸径和冠幅等测树因子成为可能，也是测树装备方面的一场变革。另外，随着公众对林业、生态环境关注度的增强，也希望借助智能手机等非专业装备获取立木的相关信息。

如果利用普通智能手机摄像头拍摄单张（或多张）图片就能实时获取立木的树高、胸径和冠幅等测树因子，且精度能满足森林资源调查的要求，将有利于推进森林资源调查工作的现代化，有利于实现森林资源调查工作的数字化、精准化、信息化、智能化和内外业工作的一体化。

1.3 摄像测量学

摄像测量学（videogrammetry）是近十几年迅速发展起来的新兴交叉学科。它主要由传统的摄影测量学（photogrammetry）、光学测量（optical measurement）、计算机视觉（computer vision）和数字图像处理与分析（digital image processing and analysis）等学科交叉、融合，取各学科的优势和长处而形成的（Elhakim, 1994; Forsyth et al., 2004; Hartley et al., 2000; McGlone, 2004; Rudin, 1995; 尚洋等, 2005）。它的处理对象以数字（视频）序列图像为主。

摄像测量学是研究利用摄像机、照相机等对动态、静态的景物或物体进行拍摄得到的数字图像，再应用数字图像处理与分析等技术，结合各种目标三维信息的求解和分析算法，对目标结构参数或运动参数进行测量和估计的理论与技术。

摄像测量学的内涵主要包括两个方面：一方面，物体的空间三维特性与成像系统间的成像投影关系，即二维图像与对应三维空间物体之间的关系，这主要是测量学方面的知识；另一方面，从单幅和多幅图像中高精度自动提取、匹配图像目标，这主要是计算机视觉、图像分析方面的知识。随着摄影测量的三角测量理论和计算机视觉的多视角几何理论的日趋发展成熟，目前对摄像测量的研究越来越多地涉及第二个方面，即图像目标的自动、高精度识别定位与匹配。它与常规图像处理的不同之处在于其更注重目标提取的定位精度。

将三维空间中的景物成像到二维图像上是一个退化过程，摄像测量学研究如何通过分析二维图像来重建目标的三维信息。为了进行二维、三维定量测量，摄像测量必须将图像与成像系统及其参数紧密联系起来，而普通的图像处理一般与成像系统参数无关。因此，摄像系统的高精度标定是摄像测量的重要特点。传统摄影测量涉及的大多是专业的摄影测量型相机，通常具有专门的标定设备和方法。而摄像测量大多采用的是普通摄像机、照相机，经过多种不同的标定方法，可以使非测量型摄像机、照相机达到测量的要求，用于高精度测量。

摄像测量涵盖了摄影测量、光学测量和计算机视觉 3 个学科领域，其应用范围覆盖这 3 个学科的应用领域。摄像测量具有诸多优点，并已广泛应用于各种精密测量和运动测量，涉及航空航天、国防军工、勘查勘测、交通运输、建筑施工、体育运动等各个领域（于起峰等, 2002；张祖勋, 2007），如遥感影像测量、飞行器弹道姿态测量、铁路公路质量检测、建筑工程测量等参数测量。

1.4　关键技术及技术路线

本书主要分析了现有的几种基于智能手机端的立木因子测量方法及与之相关的关键技术，并介绍了具体的技术路线。

1.4.1　基于智能手机的相机标定方法

根据手机相机（以下简称相机）镜头组焦距不变且镜头存在不同程度畸变的特点，以针孔成像模型（以下简称针孔模型）为基础，参考张正友平面标定法（Zhang，1998），建立一种适用于智能手机的相机标定方法。相机标定方法的技术路线如图 1.1 所示。该方法主要包含以下 3 个步骤。

（1）以线性针孔成像模型作为相机标定时进行线性约束的参考模型。

（2）基于智能手机及其相机传感器特点，引入二阶径向畸变和切向畸变，建立带有非线性畸变项的相机成像模型。

（3）相机标定，自动提取标定模板中的角点信息，并由线性的单应性关系求解内外参数的初始估值参数。利用 Levenberg-Marquardt（L-M）算法计算相机各参数及畸变参数。

1.4.2　基于 Graph Cut 算法的多株立木轮廓提取方法

基于 Graph Cut 算法的立木轮廓提取方法是基于计算机视觉，实现单张相片中的多株立木轮廓提取。该方法的技术路线如图 1.2 所示。该方法所介绍的单幅图像中的多株立木轮廓提取方法包含以下 4 个步骤。

（1）室外移动终端采集立木图像后，先用彩色直方图均衡化方法对立木图像进行颜色增强，以便更好地进行图像分割。

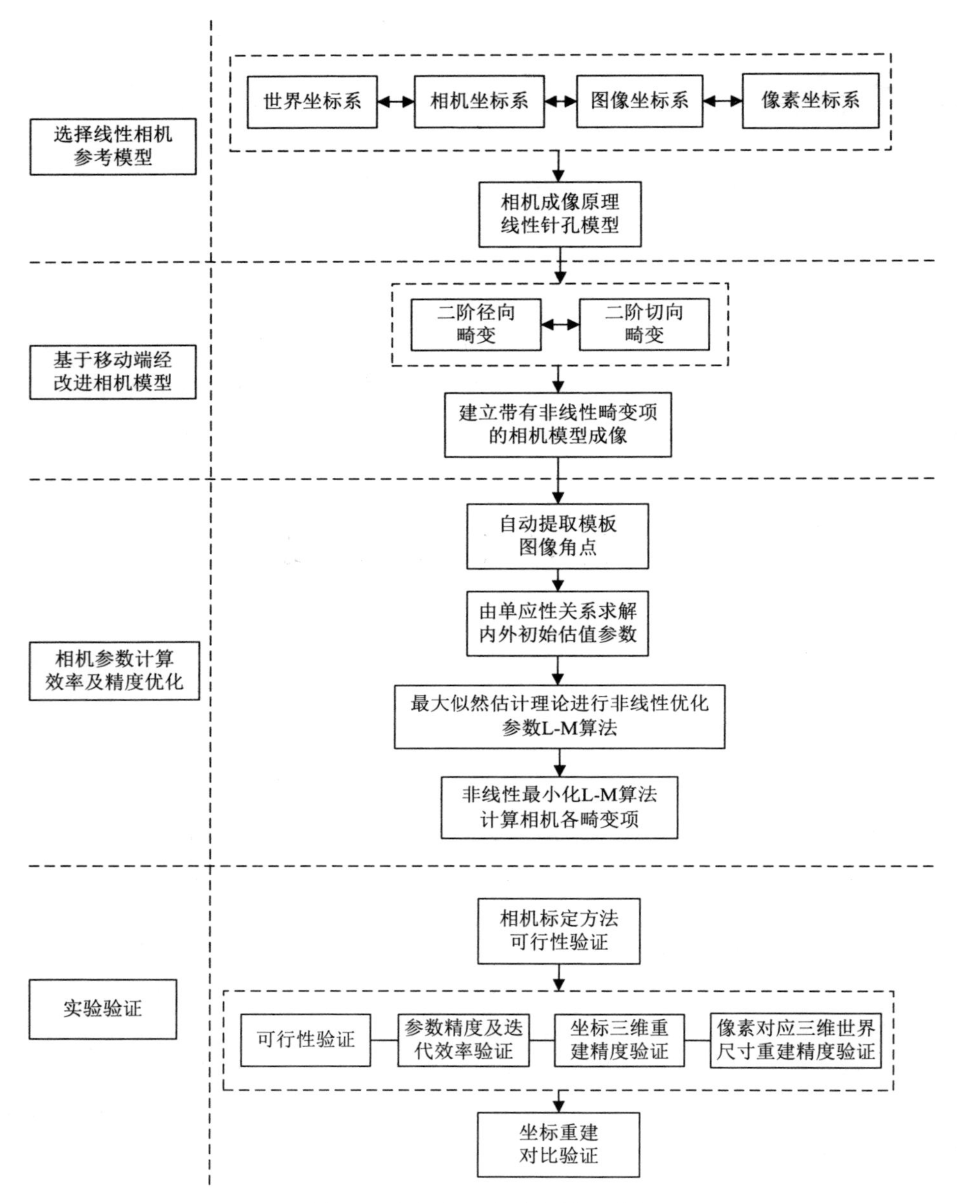

图 1.1　相机标定方法的技术路线

（2）立木图像分割。利用 Graph Cut 算法构造前景背景图（s-t 网络图），寻找能量最小割（min-cut），实现单株立木图像前景分割，依次执行 Graph Cut 算法得到最终的多张立木分割结果。

（3）立木轮廓提取。分别对立木分割结果进行灰度变换得到二值化图像，腐蚀膨胀操作进行立木内部空洞填充，最后用一种改进的 Canny 算子检测，得到多张立木轮廓图。

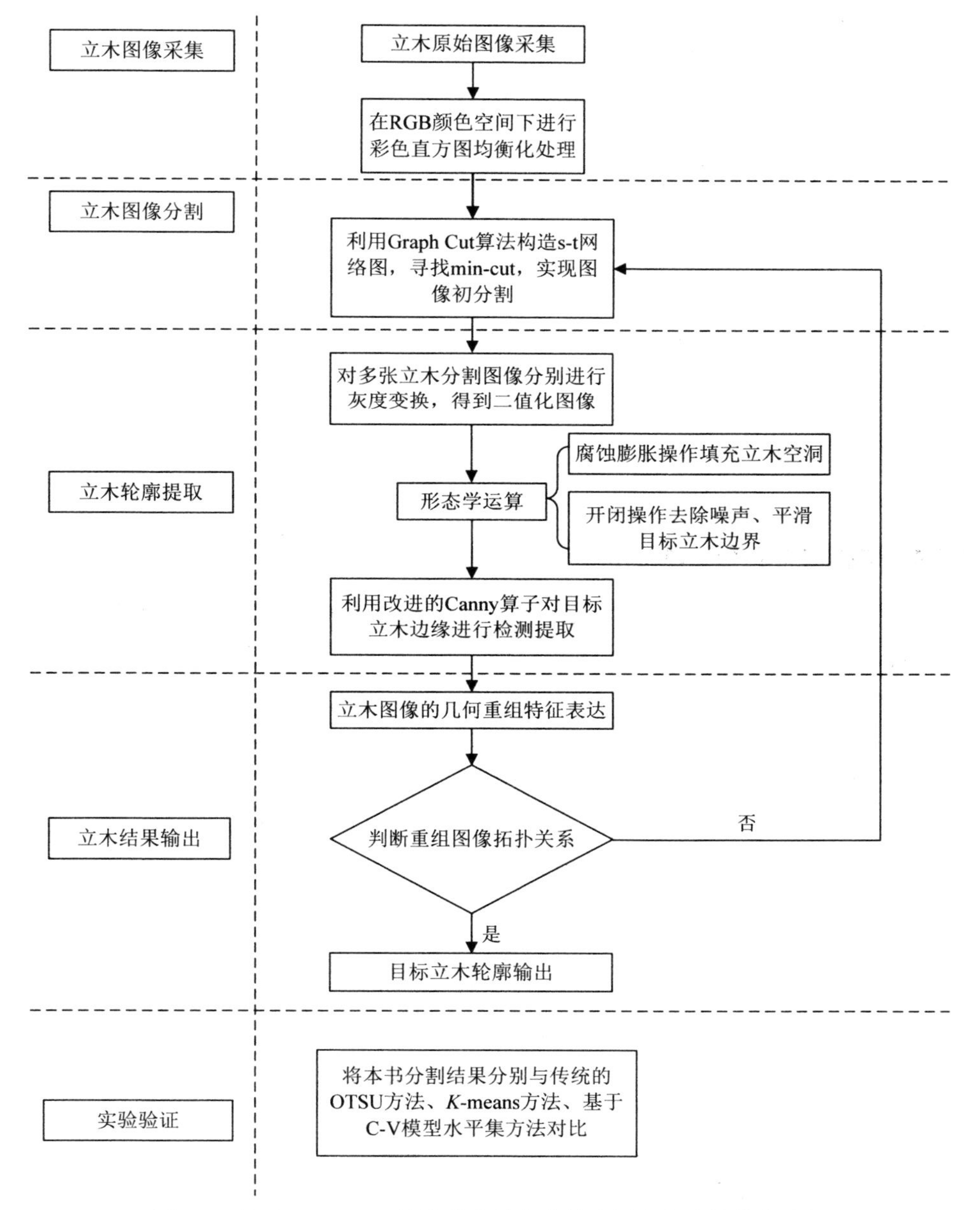

图 1.2 基于 Graph Cut 算法的多株立木轮廓提取方法的技术路线

（4）立木轮廓特征重组。将多张立木轮廓图像按照位置特征不变性进行重组，得到一张立木轮廓图。

1.4.3　基于 Mean-Shift 算法的立木图像分割方法

基于 Mean-Shift 算法的立木图像分割方法采用图像处理技术，实现自然环境下立木图像自动分割。该方法所介绍的立木图像分割方法包含以下 5 个步骤。

（1）对采集的原始图像进行图像双边滤波处理，平滑图像中草地、土壤、道路等噪声。

（2）对双边滤波处理结果采用图像下采样方法，减少立木图像中冠层空洞的部分，然后利用图像金字塔中的向上重建技术，插值填补上空洞区域，恢复其分辨率大小。

（3）对图像抽象显著图利用步长探测法求得 Mean-Shift 算法的空域带宽，利用插入规则法得到值域带宽，利用灰度共生矩阵求算纹理带宽。

（4）将得到的位置特征、颜色特征、纹理特征这 3 个特征带宽代入高斯核函数，求取最终的 Mean-Shift 平移向量，从而得到立木聚类图像。

（5）突出表达聚类结果，选用 FloodFill 函数填充聚类图，筛选出感兴趣区域（region of interest，ROI），再结合形态学处理得到最终的立木分割结果。

1.4.4　单株立木胸径测量方法

单株立木胸径测量方法基于计算机视觉技术，在智能手机上实现立木胸径的非接触式测量。该方法的技术路线如图 1.3 所示。该方法所介绍的非接触式立木胸径测量方法包含以下 7 个步骤。

（1）在待测立木上悬挂棋盘格标定板用以标定相机参数及三维重建。使用智能手机在不同角度拍摄多张待测立木的图片。

（2）智能手机相机标定，获得该距离、姿态下相机的内外参数。

（3）利用相机成像模型中 4 个坐标系间的单应性关系和相机内外参数，进行三维重建，获得该距离下图片中单位像素对应现实三维世界的物理尺寸。

（4）待测立木图像处理，通过 Lab 颜色模型和 3×3 算子构建视觉显著图，并通过 HSV 颜色模型中的 H 分量增强立木树干轮廓信息。

（5）利用数学形态学方法，膨胀和腐蚀的组合操作（开操作、闭操作）去除目标图像中的细小噪声，填充树干轮廓内的空洞噪声。

（6）提取经处理后的待测图像中所有对象的周长数据，根据立木轮廓的周长特点，剔除干扰噪声物，获取待测立木树干的主轮廓。

（7）提取立木树干轮廓的最小外接矩形，确定立木树高和胸径的方向。根据步骤（3）中获得的单位像素的物理尺寸，计算 1.3m 高度所占像素个数，获取 1.3m 高度胸径方向的所占像素值，然后与单位像素对应三维世界的物理尺寸相乘，计算得到胸径值。

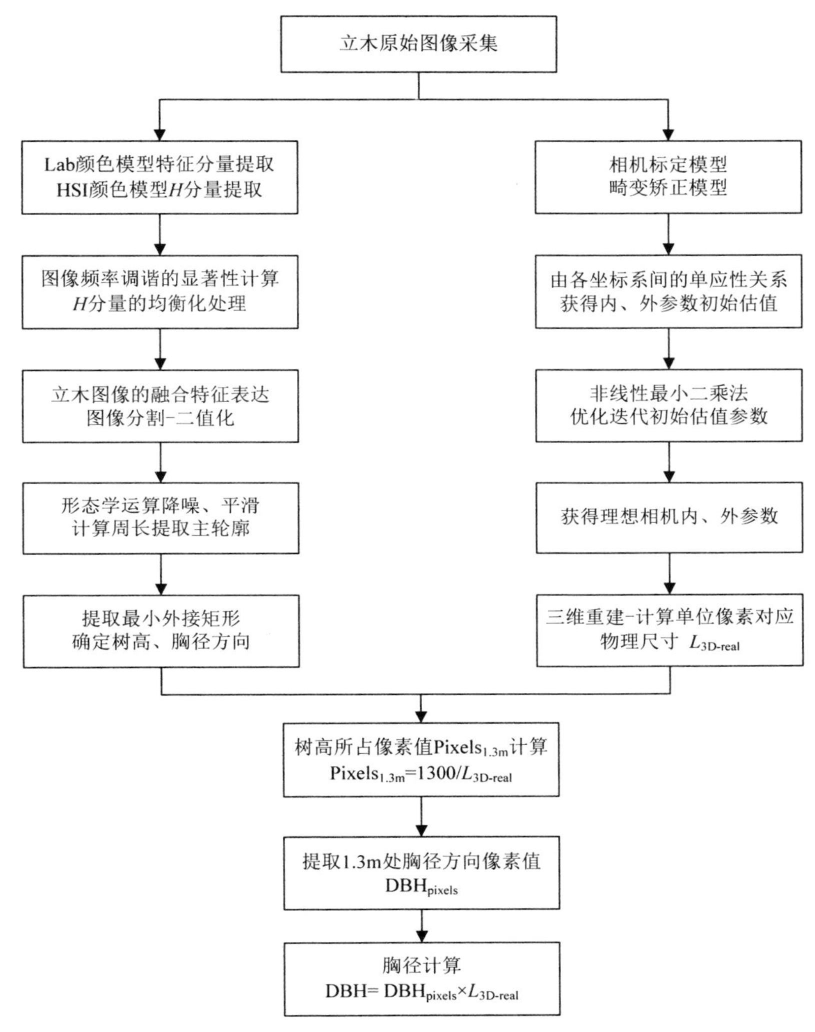

图 1.3 立木胸径测量方法的技术路线

1.4.5 单目视觉系统被动测距方法

在单目视觉系统被动测距方法中，基于地面平整且没有坡度的假设，通过智能手机相机进行图像信息采集。该方法的技术路线如图 1.4 所示。该方法主要包含以下 5 个步骤。

（1）相机标定。通过智能手机在不同角度下拍摄的多张棋盘格标定板图像，对手机相机进行标定，获取相机内部参数、相机非线性畸变参数和图像分辨率。

（2）建立深度信息提取模型。设计一种宽度不变、长度递增的新型标靶作为实验材料；采用一种优化的基于模板和梯度值的角点提取方法，对平铺在水平地面上新型标靶的角点进行亚像素级角点提取；通过相关性分析方法，分析角点纵坐标像素值及其实际成像角度之间的关系；根据该关系设定抽象函数，并选取特殊共轭点纵坐标像素值和实际成像角度代入抽象函数，建立含目标物成像角度、纵坐标像素值和相机旋转角 3 个参数空间映射的函数关系；根据物点成像角度和相机拍摄高度之间的关系建立深度信息提取模型。

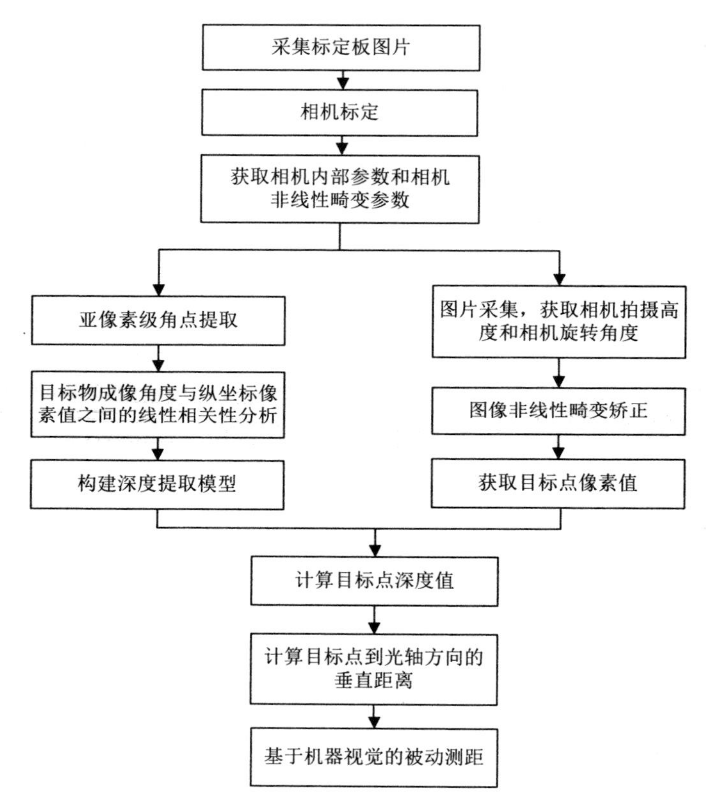

图 1.4　单目视觉系统被动测距方法的技术路线

（3）图像采集与处理。采集待测目标物图像，同时采集图像拍摄时相机拍摄高度及旋转角度；根据相机非线性畸变参数及非线性畸变矫正模型对采集的图像进行非线性畸变矫正；对图像进行处理，提取目标物轮廓从而获取目标点像素值。

（4）计算目标物深度值。将相机内部参数和目标点纵坐标像素值、相机拍摄高度和旋转角度代入深度提取模型，计算待测目标物深度值。

（5）实现单目视觉系统被动测距。根据针孔相机立体成像原理，计算目标点到光轴的垂直距离，进一步计算任意目标物到相机在地面投影点的距离，实现基于单目视觉系统的被动测距。

1.4.6 多株立木胸径测量方法

多株立木胸径测量方法的技术路线如图 1.5 所示。该方法主要包含以下 5 个步骤。

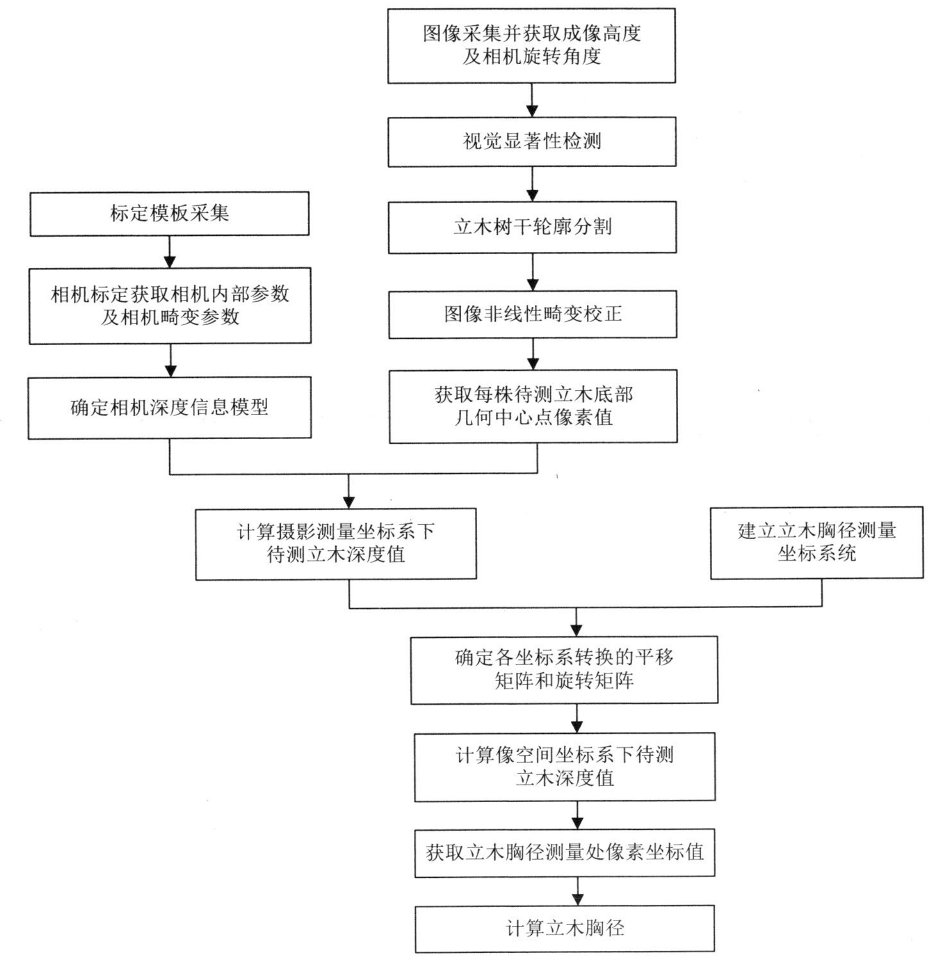

图 1.5 多株立木胸径自动测量方法的技术路线

（1）通过智能手机在不同角度下拍摄多张棋盘格标定板图片，对手机相机进行标定，获取相机内部参数、相机非线性畸变参数和图像分辨率。

（2）建立深度提取模型。实验证明，当像点横坐标像素值相等，纵坐标像素值与实际成像角度呈线性关系时，根据该关系设定抽象函数，并选取特殊共轭点的纵坐标像素值和实际成像角度代入抽象函数，建立含目标物成像角度、纵坐标像素值和相机旋转角 3 个参数空间映射的函数关系。最后根据物点成像角度和相机拍摄高度之间的关系建立深度提取模型。

（3）图像采集与处理。首先，采集待测立木图像，同时采集图像拍摄时相机拍摄高度及旋转角度；其次，根据相机非线性畸变参数及非线性畸变矫正模型对采集的图像进行非线性畸变矫正；再次，对立木图像进行视觉显著性表达，增强图像显著性，对显著图进行二值化处理后利用形态学膨胀和腐蚀组合运算，达到连接邻近物体和平滑边界的作用；最后，对立木树干轮廓进行边缘检测，得到目标立木轮廓提取结果，进而获取最底端几何中心点像素值，计算各目标立木在摄影测量坐标系中的深度值。

（4）根据图像中立木树干的几何特征构建立木胸径测量坐标系统，其中，像平面坐标系、像素坐标系、像空间坐标系为图像中所有待测立木共同使用的坐标系。此外，根据待测立木特征为每株立木建立其专属的摄影测量坐标系与物方空间坐标系。

（5）测量单幅图像中多株立木胸径值。根据步骤（4）中立木胸径测量坐标系统建立规则，研究成像点在不同坐标系中的转换关系，确定摄影测量坐标系到像空间坐标系的平移矩阵和旋转矩阵，以及物方空间坐标系到摄影测量坐标系的平移矩阵和旋转矩阵，建立立木胸径测量模型，实现对单幅图像中多株立木胸径的测量。

1.4.7　平面约束下的立木树高提取方法

平面约束下的立木树高提取方法根据单目视觉测量技术、图像处理技术、摄像前后参照物的射影不变性构建立木树高的测量。该方法的技术路线如图 1.6 所示。该方法主要包含以下 4 个步骤。

（1）基于给定的已知尺寸的参照物，记录已知参照物的空间三维信息；通过手机相机对待测的单株立木进行图像采集；建立布局模型，对模型进行评估和优化。

（2）通过图像视觉显著性分析图调节原始图像的亮度和对比度；结合图像边缘锐化和具有较强的抗噪能力和边缘定位能力的 Canny 算子进行图像轮廓边缘检测；通过 Hough 算子提取参照物的几何特征直线。

（3）通过角点检测获取参照物的特征点坐标，并提取待测树木最高点和最低点的坐标，从而以同一平面内的几何约束构建交比模型。

（4）测量平面约束下单株立木的树高。根据步骤（3）中同一平面内几何约束的树高测量模型，研究成像点在二维成像面到三维空间中的转换关系，确定同一图像中已知参照物和待测立木的长度关系，实现对单幅图像中单株立木树高的测量。

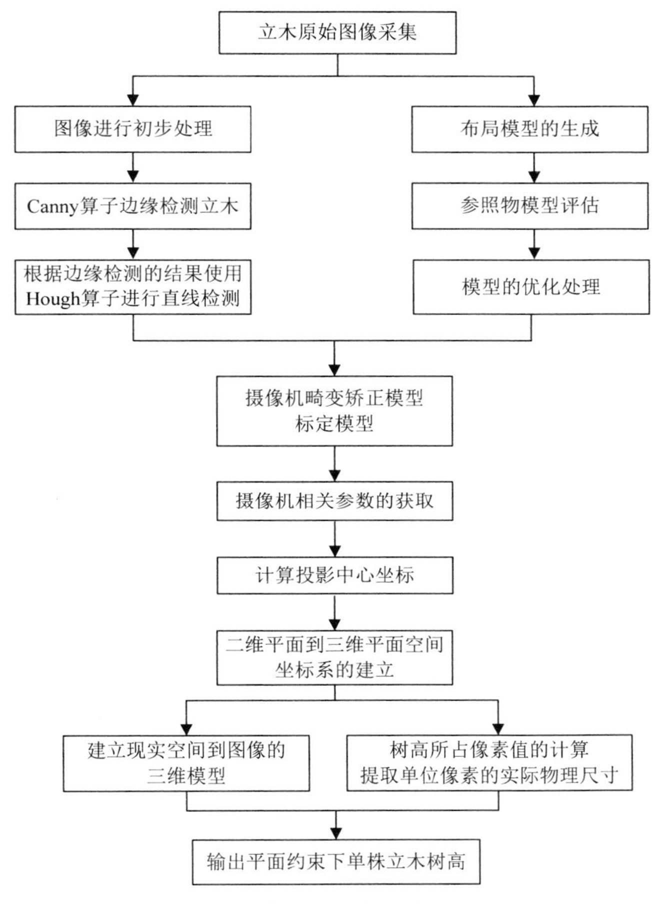

图 1.6 平面约束下的立木树高提取方法

1.4.8 单株立木树高测量方法

单株立木树高测量方法根据单目视觉测量技术、图像处理技术、摄影测量学技术和光学成像原理，实现基于智能手机的立木树高测量。该方法流程图如图 1.7 所示，包含以下 8 个步骤。

（1）利用智能手机采集待测单株立木图像，记录拍摄相机高度、待测立木距离、手机拍摄倾斜角度。

（2）利用分析图调整 HSV（hue、saturation、value）空间特征分量和 Lab 颜色空间分布进行图像显著性增强处理。根据二值化图像，采用数学形态学变化进行缺陷处理，在立木图像垂直方向进行增厚和减薄，开运算、闭运算处理删除噪声。

（3）首先，利用 Sobel 梯度算子的 3×3 模板求取偏导，进行灰度阈值的图像锐化处理；其次，利用二维傅里叶方法变换图像，增加图像细节部分；最后，采用 Canny 算子中高斯滤波函数与图像卷积处理，获取图像的轮廓边缘检测图像。

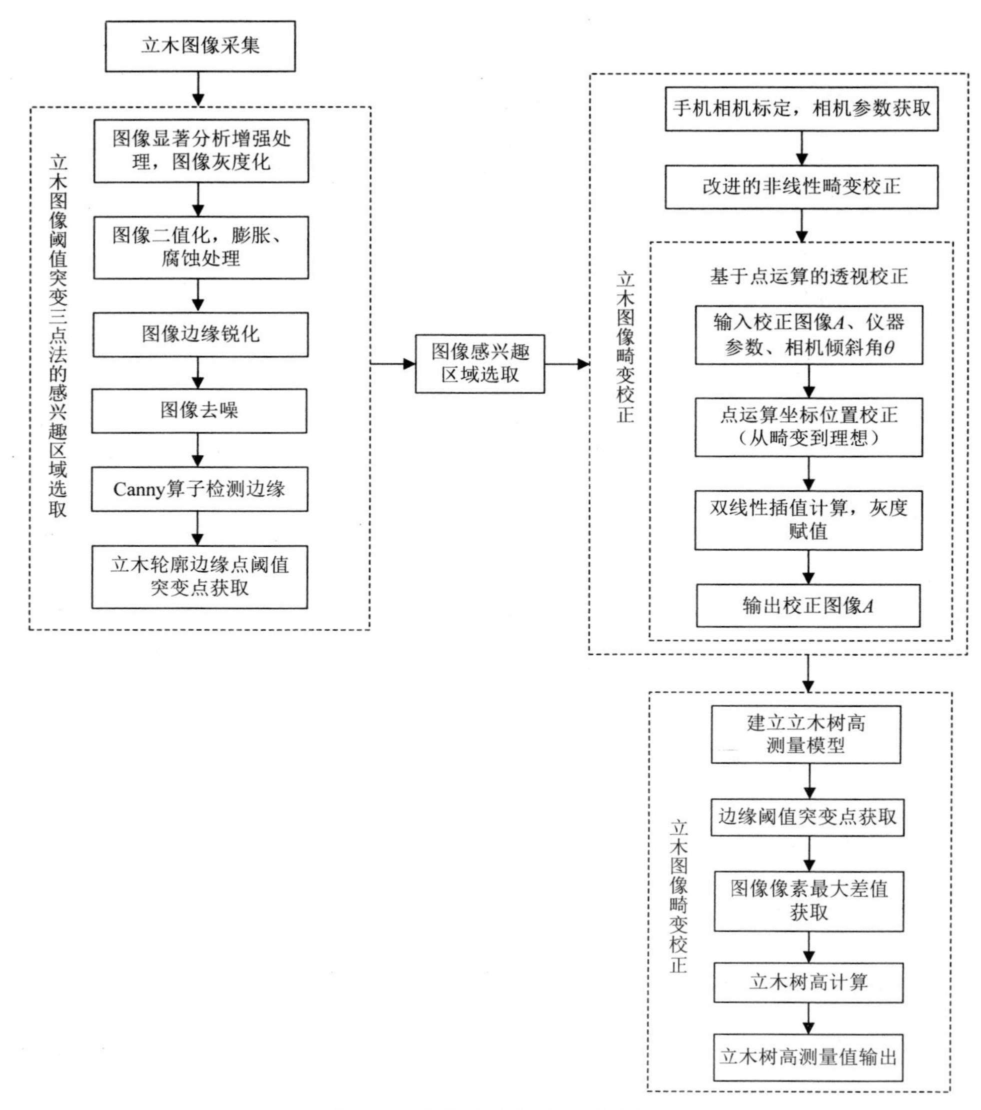

图 1.7　单株立木树高测量方法

（4）将待检测图像的阈值突变为 3 个最值点，分别是 y 轴方向上的最大值 $P_1(x_1, y_{max})$以及 x 轴方向上的最小点 $P_2(x_{min}, y_2)$、最大点 $P_3(x_{max}, y_3)$，从而获取图像感兴趣区域。

（5）利用手机相机拍摄不同角度的标定板，进行相机标定，获得对应距离和姿态下相机的内外参数。

（6）针对智能手机相机镜头组特点，引入改进的带有非线性畸变项的相机标定模型，实现相机标定和步骤（4）中获取图像的镜头畸变校正。

（7）结合光学成像原理，将图像在理想情况下的几何坐标和图像在畸变情况下的几何坐标进行相互转换，获取点运算的透视畸变校正模型，对步骤（6）中获取的图像进行透视校正。

（8）结合光学系统成像模型和图像移位视差法，根据步骤（7）可获取图像中立木轮廓最高点到图像底部的像素差值 $y'y''$、手机倾斜角度 θ 和待测立木距离 PA_1，计算得出待测立木树高。

1.4.9　基于灭点原理的多株立木树高测量方法

立木树高测量方法主要是利用智能终端移动设备的图像采集功能和设备内置重力传感器的角度测量功能，进行数据的采集。基于灭点原理的多株立木树高测量方法的技术路线如图 1.8 所示。该方法主要包含以下 9 个步骤。

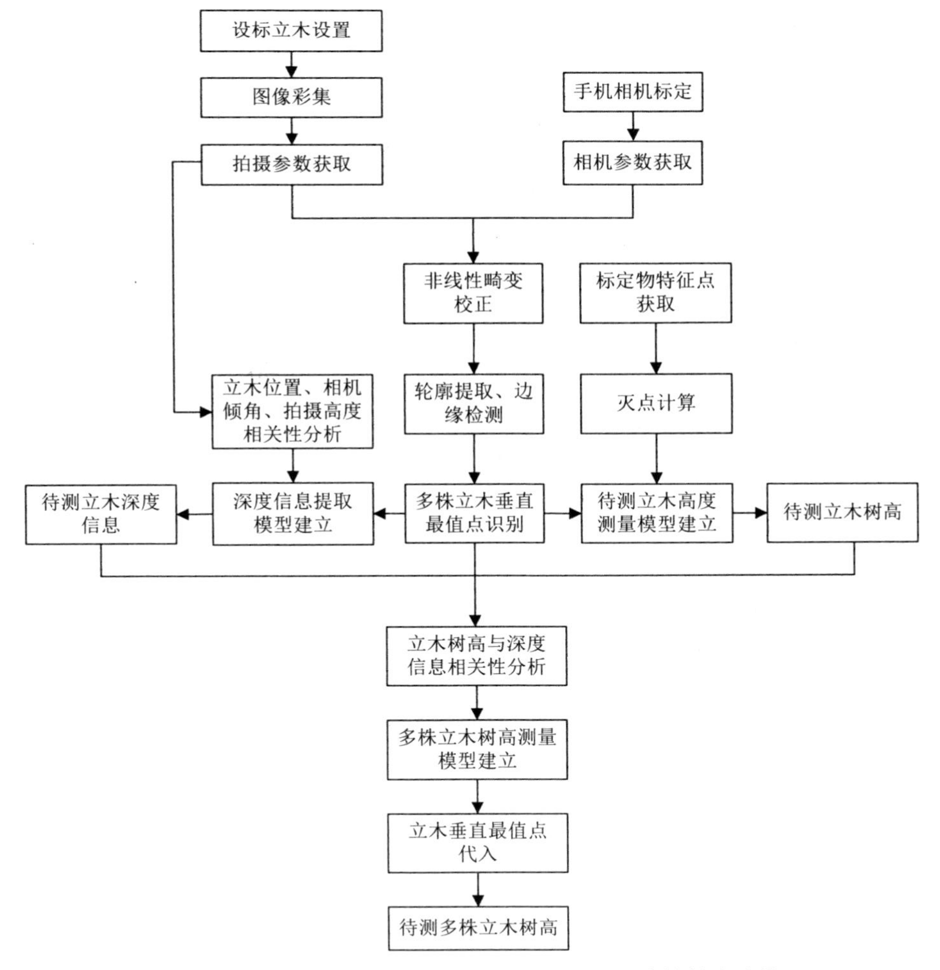

图 1.8　基于灭点原理的多株立木树高测量方法的技术路线

（1）选任意一株待测立木设置为标定物（称为设标立木），利用智能手机采集待测单株立木图像，记录拍摄相机高度、待测立木距离、手机拍摄倾斜角度。

（2）利用手机相机拍摄不同角度的标定板，进行相机标定，获得该距离和姿态下相机的内外参数。

（3）针对移动端相机镜头组的特点，引入非线性畸变项的相机标定模型实现相机标定，实现步骤（1）中获取图像的镜头畸变校正。

（4）标定物特征点检测。首先，利用图像分割算法和边缘检测算法，获取标定物图像，进行二值化处理；其次，通过标定物中黑色长方形与白色部分的四边颜色阈值突变，获取标定物的 4 个特征点；最后，利用 Hough 变换原理计算矩形边界在图像坐标系中的直线方程，进而可以计算出矩形 4 个特征点的像在像素坐标系中的坐标值。

（5）立木轮廓提取。首先，通过图像轮廓提取和边缘检测处理，以 Lab 颜色空间为图像特征，计算各颜色通道(L, a, b)上每个像素点(x, y)与整幅图像的平均色差并取平方；其次，将这 3 个颜色通道的值相加作为该像素的显著性值；最后，采用 3×3 算子对图像进行卷积运算，得到下一次采样图，并构建高斯金字塔，对图像进行多次高斯平滑处理。

（6）立木轮廓最值点识别。首先，提取图像 H 通道分量，通过对比度受限自适应直方图均衡化调整，增强图像中立木树干部分的颜色对比度和树冠部分的颜色对比度，捕获立木树干与绿色系背景之间的细节差异和立木树冠与蓝白色背景之间的细节差异；其次，将捕获的树冠细节差异在 y 轴方向最小值与边缘检测获取树冠在 y 轴方向阈值突变点的最小值进行均衡化处理，得到图像在 y 轴方向差异点的像素最小值 $T_{\min Y}(x_1, y_{\min})$，作为立木树冠顶点；最后，将捕获的立木树干与底部背景之间的细节差异，在 y 轴方向的最大值与边界检测获取树木底部在 y 轴方向的最大值进行均衡化处理，得到图像在 y 轴方向差异点的像素最大值 $T_{\max Y}(x_2, y_{\max})$，作为立木底端最低点。

（7）根据步骤（4）中获取的标定物特征点像素坐标，结合灭点原理，建立设标立木所在参考平面的方程，已知标定物实际尺寸和参考平面方程获取设标立木的树高测量模型，根据已知设标立木轮廓的最值点，得到设标立木的树高。

（8）根据待测立木成像角度 α 与纵坐标像素值 v 之间的线性关系设定抽象函数，建立含待测立木成像角度 α、纵坐标像素值 v 和相机旋转角 β 这 3 个参数的空间关系模型，及深度提取模型，结合立木轮廓最低点，计算待测立木深度信息。

（9）根据相机成像和三角函数原理，在已知深度信息和设标立木树高的条件下，结合图像中的待测立木像和待测立木平移虚拟像的立木轮廓最值点，实现对多株立木树高的测量。

1.4.10　多株立木树高和冠幅测量方法

基于智能手机的单目视觉多株立木树高和冠幅被动测量方法的技术路线如图 1.9 所示。该方法主要包含以下 6 个步骤。

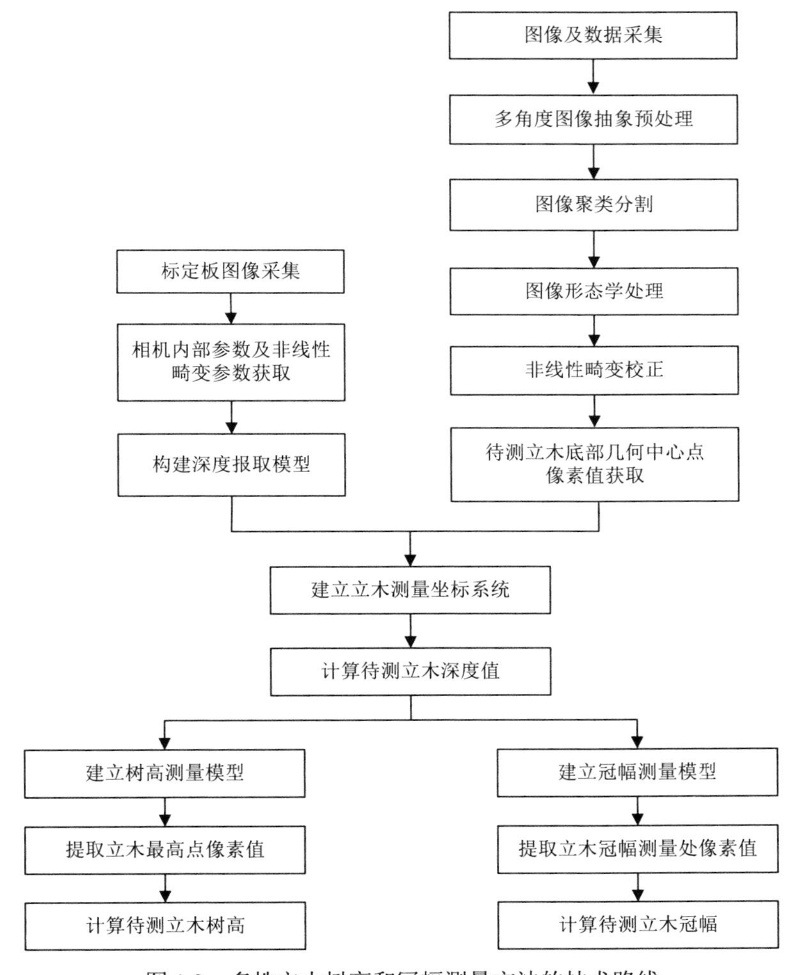

图 1.9　多株立木树高和冠幅测量方法的技术路线

（1）通过一种改进的带有非线性畸变项的相机标定模型对智能手机的相机进行标定，获取相机内部参数、相机非线性畸变参数和图像分辨率。

（2）立木轮廓提取。首先，采用多维特征自适应 Mean-Shift 算法对立木图像进行分割，提取立木树干轮廓；其次，通过相机非线性畸变参数对图像进行非线性畸变校正，识别矫正后图像中待测立木的株数，获取每株立木的各特征点（包括立木底部几何中心点、立木最高点及冠幅测量处像素点）的像素值。

（3）根据图像中立木的几何特征构建立木测量坐标系统。其中，像平面坐标系、像素坐标系、像空间坐标系为图像中所有待测立木共同使用的坐标系，根据待测立木特征为每株立木建立其特属的摄影测量坐标系与物方空间坐标系。

（4）建立深度提取模型。经实验证明，物体成像角度与其纵坐标像素值之间呈极显著的负线性相关关系，根据该线性关系原理选取特殊共轭点的像素值和成像角度代入抽象函数，建立适用于不同相机深度的提取模型，将相机内部参数和待测立木几何中心点像素值代入该模型，可计算出待测立木在摄影测量坐标系中的深度值。

（5）构建多株立木树高和冠幅测量模型。根据图像中可测量的立木株数及立木几何分布特点，建立立木测量坐标系统，结合针孔相机成像中各坐标系之间的转换关系原理，确定摄影测量坐标系到像空间坐标系的平移矩阵和旋转矩阵，以及物方空间坐标系到摄影测量坐标系的平移矩阵和旋转矩阵，分别建立多株立木树高和冠幅测量模型。

（6）测量单幅图像中多株立木树高和冠幅值。将特征点像素值代入模型，实现对图像中多株立木树高和冠幅的测算。

1.5 本章小结

在森林资源调查管理工作中，立木因子的测量是一项重要工作，其中包括树高、胸径和冠幅等因子的测量。本章结合摄影测量技术的发展水平及其森林资源调查中的应用现状，提出一种基于智能手机的立木树高、胸径和冠幅等因子的测量方法，实现对单幅图像中的单株或多株立木因子的测量，并对涉及的技术路线进行简要概述，包括对立木轮廓提取方法技术路线及基于不同方法的立木因子测量路线的阐述。

第2章　相关技术及实验环境

随着现代科技的进步，如今基于 Android 系统的智能手机除了具有传统手机的通信功能之外，还具有以下特点：开放的操作系统、硬件和软件的可扩充性以及支持第三方的二次开发等，使基于开源的 Android 系统的智能手机得到了较快速的发展。相对于传统手机，智能手机以其强大的功能和便捷的操作等特点受到人们的青睐。采用智能手机获取立木的树高和胸径等测树因子是一个发展趋势，也将引起测树装备方面的一场变革。

2.1　支撑技术概述

本书所涉及的支撑技术主要包括相机标定、距离测量、目标检测及图像分割、数字摄影测量与计算机视觉等。

2.1.1　相机标定

在图像测量过程以及计算机视觉应用中，为确定空间物体表面某点的三维几何位置与其在图像中对应点之间的相互关系，必须建立相机成像的几何模型，这些几何模型参数就是相机参数。在大多数条件下这些参数必须通过实验与计算才能得到，这个求解参数的过程就称为相机标定。无论是在图像测量还是计算机视觉应用中，相机参数的标定都是非常关键的环节，其标定结果的精度及算法的稳定性直接影响相机工作产生结果的准确性。因此，做好相机标定是做好后续工作的前提，提高标定精度是实际应用的重点所在。现有的相机标定方法可分为传统相机标定法、相机自标定法和主动视觉相机标定法 3 类。

1. 传统相机标定法

传统相机标定法需要使用尺寸已知的标定物，通过建立标定物上坐标已知点与其图像点之间的对应关系，利用一定的算法获得相机模型的内外参数。根据标定物的不同可分为三维标定物和平面型标定物。三维标定物可由单幅图像进行标定，标定精度较高，但高精度三维标定物的加工和维护较困难。平面型标定物比三维标定物制作简单，精度易保证，但标定时必须采用两幅或两幅以上的图像。传统相机标定法在标定过程中始终需要标定物，且标定物的制作精度会影响标定结果。同时，有些不适合放置标定物的场合也限制了传统相机标定法的应用。

2. 相机自标定法

目前出现的自标定算法中主要是利用相机的运动约束。由于相机的运动约束条件太强，因此其在实际中并不实用。利用场景约束主要是利用场景中的一些平行或者正交的信息，其中空间平行线在相机图像平面上的交点称为消失点，它是射影几何中一个非常重要的特征，所以很多学者研究了基于消失点的相机自标定方法。自标定方法灵活性强，可对相机进行在线标定。但由于它是基于绝对二次曲线或曲面的方法，其算法鲁棒性差。

3. 主动视觉相机标定法

基于主动视觉的相机标定法是指已知相机的某些运动信息对相机进行标定。该方法不需要标定物，但需要控制相机做某些特殊运动，利用这种运动的特殊性可以计算出相机内部参数。基于主动视觉相机标定法的优点是：算法简单，能够获得线性解，故鲁棒性较高；缺点是：系统的成本高、实验设备昂贵、实验条件要求高，而且不适合于运动参数未知或无法控制的场合。相机标定有离线标定和在线标定两种标定方法。

1）离线相机标定

离线相机标定技术需要准确的相机内参数和外参数作为重构算法的输入和先决条件，目前最为流行的离线相机标定算法是 Tsai 在 1987 年提出的，Tsai 方法使用一个带有非共面专用标定、标识的三维标定物提供图像点和其对应的三维空间点，并计算标定参数。张正友在 1998 年提出了另一个实用方法（Zhang，1988），该方法需要对一个平面标定图案的至少两幅不同视图进行标定。加州理工学院的基于 MATLAB 的相机标定工具对以上两种方法均作了有效实现（Bouguet，2010）。通过标定算法，可以计算相机的投影矩阵，并提供场景的三维测度信息。在不给定真实场景的绝对平移、旋转和放缩参数的情况下，可以达到相似变换级别的测度重构。

2）在线相机标定

在很多场合下，如缺失标定设备或相机内参数持续改变的情况下，没有足够数据支持离线相机标定，对这类场景的多视三维重构就要用到在线相机标定的技术。在线标定和离线标定框架的主要区别在于标定相机或估计相机参数的方法上。在大多数文献中，在线标定技术被称为自标定。自标定方法可以大致分为两类，即基于场景约束的自标定和基于几何约束的自标定。

（1）基于场景约束的自标定。合适的场景约束往往能够在很大程度上简化自标定的难度。例如，广泛存在于建筑或人造场景中的平行线能够帮助提供 3 个主正交方向的消视点和消视线信息，并能够据此给出相机内参数的代数解或数值解（Caprile et al., 1990）。消视点的求解可以通过投票并搜索最大值的方法进行。

Barnard（1983）采用高斯球构造求解空间。Quan、Lutton 和 Rother 等给出了进一步的优化策略（Quan et al., 1989; Lutton et al., 1994; Rother, 2000）。Quan 等（1989）给出了搜索解空间的直接算法。Heuvel（1998a）给出的改进算法加入了强制性的正交条件。Caprile（2003）给出了基于 3 个主正交方向消视点的几何参数估计法，Hartley 使用标定曲线计算焦距。Liebowitz 等（2010）进一步从消视点位置构造绝对二次曲线的约束，并用考克斯分解求解标定矩阵。

（2）基于几何约束的自标定。基于几何约束的自标定不需要外在场景约束，仅仅依靠多视图自身彼此间的内在几何限制完成标定任务。利用绝对二次曲面作自标定的理论和算法最先由 Triggs 提出（Triggs，1997）。基于 Kruppa 方程求解相机参数则始于 Faugeras、Maybank 等的工作（Faugeras et al., 1992；Maybank et al., 1992）。Hartley（1997）给予基本矩阵推导出了 Kruppa 方程的另一个推导。Sturm（2000）则给出了 Kruppa 方程不确定性的理论探讨。层进式自标定技术被用于从射影重构升级到度量重构（Faugeras et al., 1992）。自标定技术的一个主要困难在于，它不是无限制地用于任意图像或视频序列。事实上，存在着特定运动序列或空间特征分布，导致自标定求解框架的退化和奇异解。Sturm（1998）给出了关于退化情形的详细讨论和分类。对一些特殊可解情况的存在性和求解方法的讨论可以参考文献（Wiles et al., 1996）。

2.1.2 距离测量

基于图像的目标物测距主要分为主动测距和被动测距两种方法（贺若飞等，2017）。激光测距设备是主动测距的方法之一（Lin et al.，2012；张琬琳等，2014；孙俊灵等，2017）。利用激光雷达进行目标物距离测算准确率高且数据处理速度快，但激光雷达测距具有系统硬件集成成本高、智能手机设备集成难度大等缺点（周俊静等，2013）。对二维图像中目标物深度信息的被动估算可以通过计算机视觉的方法实现（石杰等，2017；徐诚等，2015）。利用计算机视觉技术进行目标物定位，具有图像信息丰富、设备操作简单、成本低等优点。计算机视觉测量主要分为单目视觉测量、双目视觉测量两类（李可宏等，2014；王浩等，2014；Sun et al.，2012）。早期的深度信息提取方法主要是双目立体视觉和相机运动信息，需要多幅图像完成图像深度信息的提取（Ikeuchi，1987；Shao et al.,1988；Matthies et al.,1989；Mathies et al.,1988；Mori et al.,1990; Inoue et al.,1992；胡天翔等，2010）。与双目视觉测量相比，单目测量图像采集不需要严格的硬件条件。

单目视觉系统可以采用对应点标定法来获取待测物体的深度信息（于乃功等，2012；吴刚等，2010；鲁威威等，2011）。该方法通常是通过相机标定获取相机内外参数，进而研究图像坐标系与世界坐标系之间的转换关系计算目标物深度。此方法需要多次采集不同方位的标靶图像，并且精确记录每个点在世界坐标系和图像坐标系中的对应坐标，标定精度对于测量精度影响较大。文献（黄小云等，2015）

提出一种通过检测立式标靶图像的角点，建立图像纵坐标像素与实际测量角度之间的映射关系，利用此关系结合投影几何模型得到的深度信息精度较高，但由于不同相机设备内部参数存在差异，该方法建立的模型普适性较差。

因此，本书提出一种普适性较高的、基于智能手机的单目视觉系统深度提取和被动测距方法。此方法通过研究目标物实际成像角度与图像纵坐标像素的关系，结合单目相机成像系统原理，建立深度提取模型，利用该模型计算目标点的深度值；进而求目标物到相机光轴的垂直距离，最终实现目标物距离的被动测算。该研究对于无人驾驶系统中车辆主动避障和路径规划、无人清扫车远程监控以及林业资源调查中测树因子自动测量等具有重要意义。

2.1.3 图像分割

图像分割是指将一幅图像分成若干互不重叠的子区域，使每个子区域具有一定的相似性，而不同子区域有较为明显的差异。图像分割是图像识别、场景理解、物体检测等任务的基础预处理工作。常用的图像分割方法有基于阈值的分割、基于边缘的分割、基于区域的分割、基于图论的分割、基于能量泛函的分割、基于小波的分割、基于神经网络的分割等。

1. 基于阈值的分割

阈值分割直接对图像灰度信息做阈值化处理，用一个或几个阈值将图像灰度直方图进行分类，将灰度值在同一个灰度类内的像素归为同一个物体。直接利用图像灰度特性进行分割，实现简单、实用性强。但是当图像灰度差异不明显，或各物体的灰度范围值有大部分重叠现象时，难以得到准确的分割结果。

常见的基于阈值的分割方法有固定阈值分割、直方图双峰法、OTSU 法等。

2. 基于边缘的分割方法

边缘总是以强度突变的形式出现，不同区域之间像素灰度值变化比较剧烈，一般采用图像一阶导数极值和二阶导数过零点等信息作为边缘点的判断依据，该方法的优点是边缘定位准确、运算速度快；局限性是边缘的连续性和封闭性难以保证，对于复杂图像分割效果较差，出现边缘模糊或丢失等现象。

边缘检测方法一般依赖于边缘检测算子，常用的检测算子有：Roberts 算子（精度高、对噪声敏感）；Sobel 算子（对噪声平滑、精度低）；Prewitt 算子；Canny 算子（检测阶跃型边缘效果好、抗噪声）；Laplacian 算子和 Marr 算子（即 LOG 算子，速度快但对噪声敏感）。

3. 基于区域的分割方法

基于区域的分割方法考虑图像的空间信息，如图像灰度、纹理、颜色和像素统计特性等，按照特征相似性将目标对象划分为不同区域。常见的区域分割方法有区域生长法、分裂合并法和分水岭分割方法。

区域生长法的基本思想是根据一定的相似性原则，满足这一原则的像素合并起来构成区域，关键点是生长种子和生长准则的选取；而分裂合并法恰恰相反，从整个图像开始分裂，之后合并得到各个区域；分水岭分割方法是基于拓扑理论的数学形态学分割方法，基本思想是将图像看作测地学上的拓扑地貌，像素的灰度值表示该点的海拔高度，一个局部极小值及其影响区域称为集水盆，集水盆的边界则形成分水岭。

4. 基于图论的分割方法

基于图论的分割方法是一种自顶向下的全局分割方法，其主要思想是将整幅图像映射为一幅带权无向图 $G=(V, E)$，其中，V 是顶点的集合；E 是边的集合。每个像素对应图中的一个顶点，像素之间的相邻关系对应图的边，像素特征之间的相似性或差异性表示为边的权值。将图像分割问题转换成图的划分问题，通过对目标函数的最优化求解，完成图像分割过程。

基于图论的分割方法有 Normalized 分割算法、Graph 分割算法、Superpixel Lattice 分割算法等。

5. 基于能量泛函的分割方法

该类方法主要是在主动轮廓模型（active contour model）基础上发展起来的算法，其基本思想是使用连续曲线表示目标边缘，并定义一个能量泛函使其自变量包括边缘曲线，将分割过程转变为求解能量泛函最小值的过程。

6. 基于小波的分割方法

在图像分割中，小波变换是一种多尺度、多通道分析工具，较适合对图像进行多尺度边缘检测。小波变换的极大值点对应于信号的突变点，在二维空间中，小波变换适用于检测图像的局部奇异性，通过检测极大值点确定图像的边缘。图像边缘和噪声在不同尺度上具有不同的特性，在不同的尺度上检测到的边缘，在定位精度与抗噪性能上是互补的。在大尺度上，边缘比较稳定，噪声不敏感，但由于采样移位的影响，边缘的定位精度较差；在小尺度上，边缘细节信息比较丰富，边缘定位精度较高，但对噪声比较敏感。因此，多尺度边缘提取可以综合两者的优势。

7. 基于神经网络的分割方法

基于神经网络的分割方法的基本思想是通过训练多层感知机得到线性决策函数，然后用决策函数对像素进行分类以达到分割的目的。当前，深度学习如火如荼，基于深度神经网络的图像分割方法也不断涌现。

2.1.4 数字摄影测量与计算机视觉

数字摄影测量的研究内容涉及计算机视觉的相关内容。利用计算机视觉技术研究目标时，使计算机具有通过二维图像认知三维环境信息的能力，这种能力不仅使机器感知三维环境中物体的几何信息，包括形状、尺寸、位置、姿态、运动等，而且能对它们进行描述、存储、识别与理解（马颂德等，1998；张祖勋，2004）。一个完整的立体视觉系统通常可分为图像获取、摄像机标定、特征提取、立体匹配、深度确定及内插 6 个部分（游素亚等，1997）。

1. 基于广义点的摄影测量

由于摄影测量源于测量学中测点的前方交会与后方交会，因此，共线方程（即物点、像点与摄影中心位于一条直线上）是摄影测量方法的核心。在现有的摄影测量方法的应用中，建筑物的提取、建筑摄影测量、工业零件测量涉及的多数约束为直线，因此，基于直线的摄影测量得到了更加深入的研究及应用（Heuvel，1998b）。基于此，张祖勋（2004）提出了广义点理论。传统摄影测量中的点指的是物理意义上（或者称可视）的点；而广义点则是数学意义上的点，因为，任何一条线都是由点组成的。由广义点理论，曲线（或直线）上任意一个点都可以被用为控制点，而且可以直接应用共线方程。但是只能在两个（x, y）共线方程中选取一个。因此，很容易将点、直线、圆、圆弧、任意曲线归纳为一个数学模型-共线方程，进行统一平差。

2. 多基线立体

人都是由一条眼基线的双眼感受三维世界，而摄影测量（无论是模拟、解析还是数字摄影测量）大多是沿用由一条基线、两张影像构成的一个立体像对进行测量。但是数字摄影测量利用计算机匹配替代人眼测定影像同名点（摄影测量中，地面上同一点在不同影像上的像点）时，由于存在大量的误匹配，即测量中所说的粗差，使自动匹配的误差结果较大。为了提高自动匹配的可靠性，可以减小立体像对的交会角，但是由此会产生交会误差变大、精度降低。为了降低双目匹配的难度，相关科研工作者展开三目立体视觉系统（Heuvel，1998a）、三目机器人视觉系统（Ayache，1991）、多目立体匹配（章毓晋，2000）等方面的研究。

3. 单像建模（建筑物）-灭点理论

灭点是空间一组平行线的无穷远点在影像上的构象，该组图像存在一个或多个平行线在影像上的交点（该交点不一定在影像的可视范围之内），可认为该空间的无穷远点与对应的灭点是一对对应点，其满足共线方程。在计算机图形学与数字摄影测量中，对空间平行线的自动分类、灭点的提取与应用是一个重要的研究方向，其可以利用单张非量测相机所获得的影像进行立体物体三维重建及量测（张祖勋等，2001；Cipolla et al.,1999）。

2.2　实验环境和软硬件支撑条件

本书的实验环境与软硬件系统主要包括支持 Android 系统且带有加速度传感器、磁场传感器、方向传感器、陀螺仪传感器和重力传感器等传感器的智能手机。

2.2.1　Android 系统平台

Android 系统是基于 Linux 的开源平台，是第一个完整、开放、免费的手机平台。Android 系统由 Andy Rubin 创立，后被 Google 收购，后者希望在 Android 平台上与各方共同建立一个标准化、开放式的智能手机软件平台，从而在移动产业内形成一个开放式的操作平台。如今，在手机市场竞争最大的系统当属 iOS 和 Android。由于 Android 系统的开放性，其可以在各种手机上运行。因此，Android 比 iOS 的市场需求更高，并成为时下最流行、普及率最高的手机操作系统。目前，Android 已经超越苹果公司的 iOS，成为全球用户最多的智能手机操作系统，华为、中兴、小米等手机厂商早已通过 Android 的优势取得了巨大的成功。随着微电子和计算机科学的不断发展，应用了 Android 系统的智能手机越来越超越传统意义上的手机，就像一部功能齐全、性能优越的掌上计算机。

2.2.2　系统架构及特性

Android 系统的底层建立在 Linux 系统之上，该平台由操作系统、中间件、用户界面和应用软件 4 层组成，它采用一种被称为软件叠层（software stack）的方式进行构建。这种软件叠层结构使层与层之间相互分离，明确各层的分工。这种分工保证了层与层之间的低耦合，当下层的层内或层下发生改变时，上层应用程序无须任何改变。

一般地，把 Android 平台分成 4 层，自底向上依次为 Linux 内核层、Android 运行库层、应用框架层、应用程序层。其中，Android Runtime 是 Android 运行时的一种特殊状态，位于 Android 运行库层（毛宏斌，2016）。

Android 系统主要由 5 部分组成，分别为应用程序层（applications）、应用程序框架（applications framework）、函数库（libraries）、运行时（android runtime）和 Linux 内核（Linux kernel）。

2.2.3　智能手机的硬件

随着通信产业的不断发展，移动终端已经由原来单一的通话功能向语音、数据、图像和多媒体等方向综合演变，现阶段的智能手机除了满足传统手机的通信功能外，还具有以下特点，即开放的操作系统、硬件和软件的可扩充性和支持第三方的二次开发。随着微电子技术及工业制造工艺水平的提高，手机硬件的性能不断提升，具备的功能也越来越强大。智能手机中的关键硬件有 CPU、RAM、ROM、天线芯片、摄像头及其他传感器等，部分高端智能手机还配备了独立的 GPU（图形处理器），以适应大型手机 3D 游戏和其他图形处理应用。

1. 硬件系统结构

智能手机可被看作袖珍的计算机。主电路板是手机中最重要的部件，在主电路板上部署各类处理器、存储器、输入输出设备（触摸屏、USB 接口、耳机接口、摄像头及其他传感器等）、I/O 通道和电源等部件，它负责手机信号输入、输出、处理、手机信号的发送以及整机的供电、控制等工作。手机通过空中接口协议（如 GSM、CDMA、PHS 等）和基站通信，既可传输语音，也可以传输数据。

2. 中央处理器

中央处理器（CPU）是智能手机的核心部分，是手机的控制中枢系统，也是逻辑部分的控制中心，其主频和内核决定了手机的运算速度。CPU 通过运行存储器内的软件及调用存储器内的数据库，达到对智能手机整体监控的目的。

3. 存储器

智能手机内的存储器分为随机存储器（RAM）和只读存储器（ROM）。随机存储器是与 CPU 直接交换数据的内部存储器，也叫主存（内存）。它可以随时读写，而且速度很快，通常作为操作系统或其他正在运行中程序的临时数据存储介质。存储单元是内容可按需随意取出或存入且存取速度与存储单元位置无关的存储器。这种存储器在断电时将丢失其存储内容，故主要用于存储短时间使用的程序。只读存储器属于外部存储，只能读出信息，不能写入信息，用于存储固定的系统文件和数据（图片、音频和视频等）等信息。RAM 越大手机配置越高，手机的运行速度也就越快，目前主流手机的运行内存为 4GB，高端的手机则搭配了 6～8GB 的运行内存。ROM 越大，手机能够存储的信息越多，目前主流手机的存储容量为 64～256GB。

4. 图形处理器

GPU 是一块高度集成的芯片，其中包含图形处理所必需的所有元件，GPU 和 CPU 之间通过 RAM 内存进行数据交换。较早的智能手机中，所有软件、游戏都是由 CPU 进行处理并呈现在屏幕上，但是 CPU 的图形处理能力低，导致较早的智能手机无法高效运行与图形图像处理有关的软件。随着近几年微电子技术和制造工艺的高速发展，3D 加速芯片的引入为智能手机的图形图像处理能力注入了强大的生命力。早期的 3D 加速芯片功能单一，性能较低，仅仅为 3D 程序提供一定的辅助处理作用。如今的 3D 加速芯片早已演化成真正意义上的 GPU，不仅负责图形处理（包括 3D 图像处理），也将所有图形显示功能从 CPU 中剥离，并且还提供视频播放、视频录制和照相时的辅助处理，系统的图形处理性能得到了极大提升。

2.2.4　手机传感器

传感器（sensor）是一种检测装置，它通过感知被测目标物理量的各种信息，并将感知到的信息按照一定规律转换成为电信号等形式输出。传感器的主要组成可以分为 3 个部分，即敏感元件、转换元件和调理电路。传感器组成如图 2.1 所示。

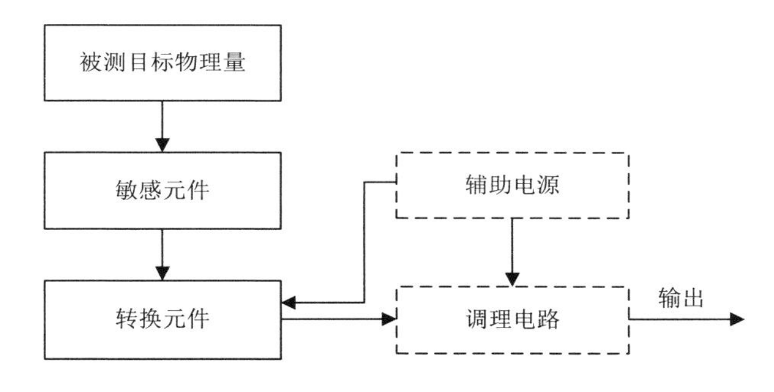

图 2.1　传感器组成

随着现代科技的发展，智能手机嵌入的传感器越来越多。现阶段，智能手机上配备的传感器主要分为运动传感器、位置传感器和环境传感器 3 类。常见的传感器有加速度传感器、磁场传感器、方向传感器、陀螺仪传感器、重力传感器、线性加速度传感器、温度传感器、光线传感器、距离传感器、压力传感器和计步传感器等。

正是由于 Android 系统的开源特征，相关科研人员和工程师能够根据实际需求，设计开发相应的基于 Android 智能手机的应用程序，人们借助非专业智能手机就可以实现以往需要专业设备才能完成的任务。既降低了购置专业设备的费用，又能充分发挥智能手机的性能。

2.3　本 章 小 结

随着微电子技术及工业制造工艺水平的提高，智能手机的数据处理能力与计算性能不断提升，具备的功能也越来越强大，加之开放的 Android 操作系统、硬件和软件可扩充性等特点，智能手机能够有效地支撑日常生活中目标物监测、物体定位与测量以及存储分析等需求，可用于数字摄影测量领域。在森林资源调查中，基于计算机视觉的立木因子测量，依托智能手机的发展，具有操作简单、设备成本低、便携等优点。因此，将智能手机、数字摄影测量技术等与立木树高、胸径及冠幅等因子的测量相结合，是立木垂直结构因子测量的有效途径。

第 3 章　智能手机相机标定方法

相机标定是从二维图像中提取三维信息的关键步骤（蒯杨柳等，2016），在摄影测量、计算机视觉和三维重建等领域有着十分广泛的应用。在视觉测量系统中，为了获得高精度的测量结果，需要对相机进行高精度标定（王向军等，2017）。传统标定物标定法通过选取标准参照物，建立已知标准参照物中的数学关系求解相机参数，以张正友标定法（Zhang，2000）最为经典。张正友标定法通过平面模板数据和图像数据计算图像与模板间的单应性矩阵约束相机的内部参数，并利用绝对二次曲线原理计算内外参数。该标定法操作烦琐、计算量大，但有较好的鲁棒性，直接推动了计算机视觉技术从实验室向实际应用迈进。

许多学者在张正友标定法的基础上进行了深入的研究。刘艳等（2014）针对镜头畸变问题，在张正友标定法的基础上提出了一种改进的两步标定法，利用最小二乘法完善解析解，提高初始数值的鲁棒性；邹建成等（2017）在张正友标定法的基础上提出一种 5 点标定算法，简化标定过程并取得了较理想的参数；刘杨豪等（2016）提出基于共面点的相机标定方法，通过对相机模型及畸变模型的研究，利用非线性最小二乘法优化内外参数计算过程。同时，许多学者将相机标定技术应用于计算机视觉、三维重建等领域，取得了较好的效果（林冬梅等，2016；段振云等，2016）。在相机标定技术不断发展的同时，李竹良等（2013）指出，现有的多数相机标定方法适用于工业相机，需借助 MATLAB 标定工具或 OpenCV 函数库，操作复杂，而针对智能手机相机标定的方法研究较少。同时，由于角点提取过程计算量大（王书民等，2015），内外参数迭代效率低，制约了计算机视觉和三维重建技术在智能手机视觉测量领域的应用。

相机标定过程概述如下：①从世界坐标系到相机坐标系的转换过程，即物方三维点 $M(X_w, Y_w, Z_w)$到像空间三维点 $N(X_c, Y_c, Z_c)$的转换，过程参数包括旋转矩阵、旋转向量和平移向量；②从相机坐标系到图像坐标系的转换过程，即相机坐标系下的像空间三维点 $N(X_c, Y_c, Z_c)$到图像坐标系下的二维点 $m(x_d, y_d)$的转换，过程参数为焦距；③从图像坐标系到像素坐标系的转换过程，即图像坐标系下的二维点 $m(x_d, y_d)$到像素坐标系下的二维点 $n(x_u, x_v)$的转换，过程参数为主点坐标(u_0,v_0)。

3.1　摄影测量基本成像模型

摄影测量是通过对摄影成像系统拍摄的图像进行分析计算，测量出被测物体在三维空间中的集合参数和运动参数的一种测量手段。拍摄的图像是空间物体通过成像系统在像平面上的反映，即三维空间物体在像平面上的投影。数字图像每个像素的灰度反映了空间物体表面对应点的光强度，而该点的图像位置对应于空间物体表面的几何位置。实际物体位置与其在图像上位置的相互对应关系，由成像系统的几何投影模型或成像模型决定，其映射关系如图 3.1 所示。成像模型是摄影测量学最重要的基础之一。各种摄影测量方法都是基于成像映射关系确定各种几何与运动参数的。

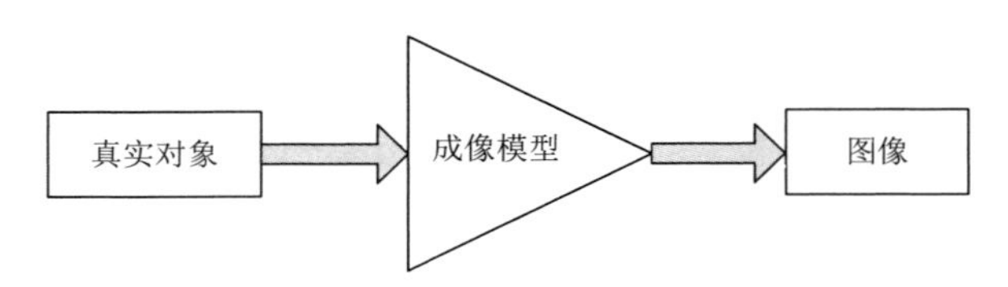

图 3.1　对象通过成像模型映射到图像

摄影成像过程是从三维空间向二维空间（图像）的映射，这种从高维空间向较低维度空间的映射关系就是投影。下面将简要介绍在摄影测量中常用的投影和成像模型。

投影时，用一组假想的直线（光线）将物体向几何表面进行投射。该几何表面称为投影平面，这组假想直线称为投影线（投射线），投影平面上得到的图像也称为投影。在摄影测量学中，按投射方式的不同，常用的投射模型主要有以下 3 种。

1. 中心投影

投射线汇聚于一点的投影称为中心投影。摄像机、照相机等成像设备的成像规律近似满足中心投影。

2. 平行投影

投射线相互平行的投影称为平行投影。平行投影可以认为是投影中心在无穷远处的中心投影。在平行投影中，若投影线垂直于投影平面，称这种投影为正投影或正射投影。地形图属于正射投影。

3. 双心投影

双心投影是将两个投影中心和两个投影平面当作一个整体，对同一个物体进行投影。双心投影是由两个中心投影结合成的，本质上属于中心投影。在摄影测量中，有一定重叠的两张相片，与被测物体构成一个整体，就是双心投影。

3.2　基于智能手机的改进相机标定方法

根据智能手机相机的镜头特点，以提高智能手机视觉测量精度为目标，研究解决传统标定法无法适应计算能力较弱的智能手机设备的问题，本节介绍一种适用于智能手机的相机标定法，重点解决相机镜头畸变对标定精度的影响和理想参数迭代效率低的问题，从而实现智能手机相机的快速标定，提升计算机视觉、视觉测量技术的应用范围。

根据针孔模型建立空间坐标与图像坐标间的线性关系，将相机参数求解问题转化为线性方程求解问题。针对现有的标定方法仅考虑径向畸变，未考虑切向畸变问题，提出了改进的相机标定方法解决镜头畸变。

3.2.1　相机成像模型

理想相机的光学成像过程满足相似三角形原理，成像过程涉及世界坐标系、相机坐标系、图像坐标系、像素坐标系及 4 个坐标系间的转换。线性的针孔成像模型解决了三维世界坐标系与像素坐标系间的对应问题，为相机内外参数的计算提供了依据。针孔模型中，根据相似三角形原理，世界坐标系上的点 $M(X_w, Y_w, Z_w)$ 经投影成像于图像坐标系（像素坐标系）上的点 $m(x_d, y_d)$，但由于镜头自身特点及制造装配过程中存在的畸变，m 点实际位于 $m'(x_u, y_u)$。各个坐标系之间的关系如图 3.2 所示。

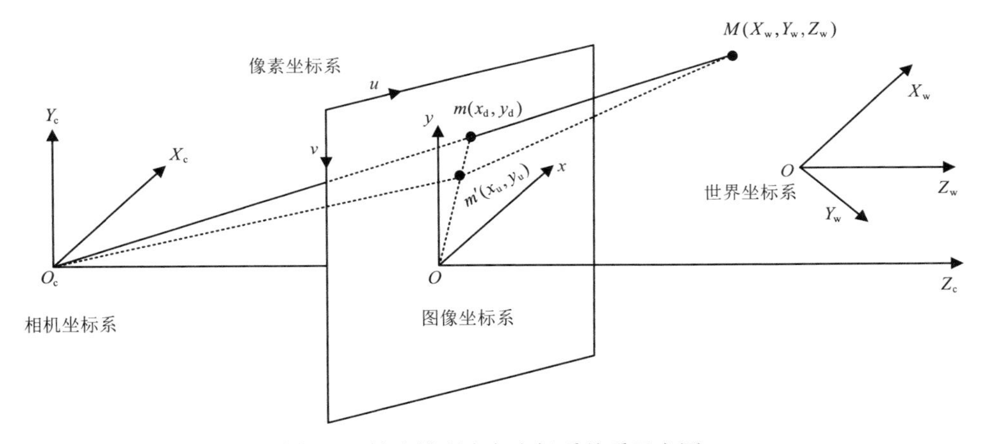

图 3.2　针孔模型中各坐标系关系示意图

基于共面点成像（刘杨豪等，2016）的特性，由针孔模型中的相似三角形原理，可知二维图像像素点坐标 (u,v) 和三维空间的场景点坐标 (X,Y,Z) 之间的关系。将二维图像像素点坐标转换为矩阵形式可表示为 $\boldsymbol{m}=[u \quad v]^{\mathrm{T}}$，三维空间的场景点坐标转换为矩阵可表示为 $\boldsymbol{M}=[X \quad Y \quad Z]^{\mathrm{T}}$。根据针孔模型中模板平面与图像间的单应性关系，$\tilde{\boldsymbol{x}}$ 表示增广向量，最后一个元素加 1，则 $\boldsymbol{m}$ 和 $\boldsymbol{M}$ 的齐次坐标矩阵可分别表示为 $\tilde{\boldsymbol{m}}=[u \quad v \quad 1]^{\mathrm{T}}$ 和 $\tilde{\boldsymbol{M}}=[X \quad Y \quad 1]^{\mathrm{T}}$。由针孔模型可知，三维点 $\boldsymbol{M}$ 和图像投影点 $\boldsymbol{m}$ 的关系为

$$s\tilde{\boldsymbol{m}} = \boldsymbol{K}\begin{bmatrix}\boldsymbol{R} & \boldsymbol{T}\end{bmatrix}\tilde{\boldsymbol{M}}, \quad \boldsymbol{K} = \begin{bmatrix} \dfrac{f}{d_x} & c & u_0 \\ 0 & \dfrac{f}{d_y} & v_0 \\ 0 & 0 & 1 \end{bmatrix} \tag{3.1}$$

式中，s 为任意比例因子；$\boldsymbol{K}$ 为相机内参矩阵；$\begin{bmatrix}\boldsymbol{R} & \boldsymbol{T}\end{bmatrix}$ 为相机的外参矩阵；(u_0, v_0) 为主点坐标；f 为相机镜头焦距；d_x、d_y 分别为像面上每一个像素点在 x 和 y 方向上的物理尺寸（由于工艺原因，$d_x \neq d_y$）；c 为描述两个坐标轴倾斜角的参数。像素坐标系上的点 (u,v) 与三维世界坐标系上的点 $M(X_{\mathrm{w}}, Y_{\mathrm{w}}, Z_{\mathrm{w}})$ 之间的关系可表示为

$$Z_{\mathrm{c}}\begin{bmatrix} u \\ v \\ 1 \end{bmatrix} = \begin{bmatrix} \dfrac{1}{d_x} & 0 & u_0 \\ 0 & \dfrac{1}{d_y} & v_0 \\ 0 & 0 & 1 \end{bmatrix} \begin{bmatrix} f & 0 & 0 & 0 \\ 0 & f & 0 & 0 \\ 0 & 0 & 1 & 0 \end{bmatrix} \begin{pmatrix} \boldsymbol{R} & \boldsymbol{T} \\ \boldsymbol{O} & 1 \end{pmatrix} \begin{bmatrix} X_{\mathrm{w}} \\ Y_{\mathrm{w}} \\ Z_{\mathrm{w}} \\ 1 \end{bmatrix} \tag{3.2}$$

3.2.2 相机非线性畸变优化模型

理想的透镜模型属于线性模型，物和像满足相似三角形的关系。而由于镜头制作工艺和装配等原因，图像的像点、投影中心、空间点不存在共线关系，造成不同程度的畸变。这将导致相机成像过程中成像平面上的各像素产生偏移，使成像存在不规则畸变，影响相机的标定精度。因此，需要对畸变图像进行矫正。图像中像素的偏移如图 3.3 所示。

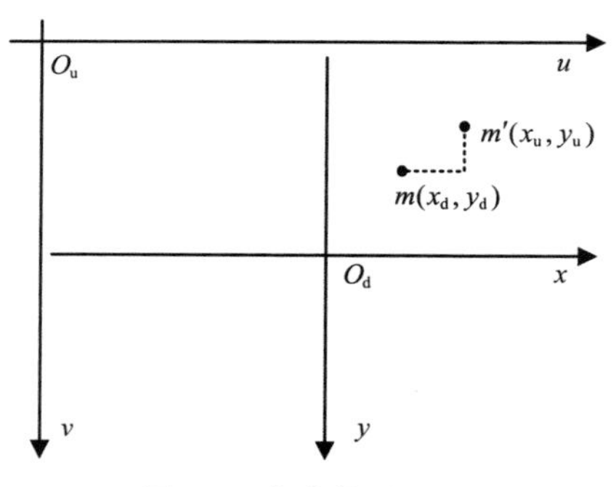

图 3.3　像素偏移示例

畸变矫正公式为

$$\begin{cases} x_{\mathrm{u}} = x_{\mathrm{d}} + \delta_x(x, y) \\ y_{\mathrm{u}} = y_{\mathrm{d}} + \delta_y(x, y) \end{cases} \tag{3.3}$$

图中和式中，$m(x_{\mathrm{d}}, y_{\mathrm{d}})$ 为理想图像坐标点；$m'(x_{\mathrm{u}}, y_{\mathrm{u}})$ 为实际的成像点的坐标；δ_x、δ_y 分别为 x 和 y 方向上的非线性畸变值，它与图像点在图像中的位置有关。由于研究的方法是针对智能手机设备，根据智能手机设备相机镜头的特性，引入径向畸变和切向畸变。

径向畸变：由于镜头形状缺陷造成径向畸变。忽略了高阶项的径向畸变模型函数为

$$\begin{cases} \delta_{x\mathrm{r}} = k_1 x(x^2 + y^2) \\ \delta_{y\mathrm{r}} = k_2 x(x^2 + y^2) \end{cases} \tag{3.4}$$

切向畸变：由于透镜组的光学中心不完全在一条直线上，造成了透镜的切向畸变。忽略高阶项的切向畸变模型函数为

$$\begin{cases} \delta_{x\mathrm{d}} = p_1(3x^2 + y^2) + 2p_2 xy \\ \delta_{y\mathrm{d}} = p_2(x^2 + 3y^2) + 2p_1 xy \end{cases} \tag{3.5}$$

由式（3.3）～式（3.5）得畸变矫正函数模型如式（3.6）所示，其中包含 k_1、k_2、p_1、p_2 共 4 个非线性畸变系数。

$$\begin{cases} \delta_x = k_1 x(x^2 + y^2) + p_1(3x^2 + y^2) + 2p_2 xy \\ \delta_y = k_2 x(x^2 + y^2) + p_2(x^2 + 3y^2) + 2p_1 xy \end{cases} \tag{3.6}$$

图像物理坐标系中光轴与像平面的交点在理想情况下应该位于图像的中心点，由于相机制造工艺原因，会存在偏离。若图像物理坐标系 (x, y) 原点在图像坐标系 (u,v) 中的坐标为 (u_0,v_0)，像面上每一个像素点在 x 轴、y 轴方向上的物理尺寸为 d_x、d_y。因此，图像中任意一个像素在两个坐标系中满足关系

$$\begin{cases} u = \dfrac{x_u}{d_x} + u_0 \\ v = \dfrac{y_u}{d_y} + v_0 \end{cases} \tag{3.7}$$

化为齐次坐标与矩阵形式为

$$Z_{\mathrm{c}} \begin{bmatrix} u \\ v \\ 1 \end{bmatrix} = \begin{bmatrix} \dfrac{f}{d_x} & 0 & u_0 & 0 \\ 0 & \dfrac{f}{d_y} & v_0 & 0 \\ 0 & 0 & 1 & 0 \end{bmatrix} \begin{pmatrix} \boldsymbol{R} & \boldsymbol{T} \\ \boldsymbol{O} & 1 \end{pmatrix} \begin{bmatrix} X_{\mathrm{w}} \\ Y_{\mathrm{w}} \\ Z_{\mathrm{w}} \\ 1 \end{bmatrix} = \boldsymbol{M}_1 \boldsymbol{M}_2 \tilde{\boldsymbol{x}}_{\mathrm{w}} = \boldsymbol{M} \tilde{\boldsymbol{x}}_{\mathrm{w}} \tag{3.8}$$

式中，$\boldsymbol{M}_1$、$\boldsymbol{M}_2$ 分别为相机标定的内外参数。其中，$\boldsymbol{M}_1$ 为相机的内参数，$\boldsymbol{M}_2$ 为外参数，包括旋转矩阵和平移矩阵。

3.3 参数计算及优化

本节利用标定模板上的三维坐标与成像平面内的像素坐标间的单应性关系求解相机内外初始估值参数（Zhang，2000），然后通过迭代寻找最优解。为了获取更加精确的内外参数，借助非线性最小二乘的L-M算法优化迭代计算相机内外参数。

3.3.1 单应性关系与内参约束

相机内外参数计算是相机精确标定的关键步骤，利用模板平面与图像间的单应性关系作为约束条件，假设模型平面在世界坐标系中的 Z 坐标为 0，即可知 $s\tilde{\boldsymbol{m}} = \boldsymbol{H}\tilde{\boldsymbol{M}}$，同时 $\boldsymbol{H} = \boldsymbol{K}\left[\boldsymbol{r}_1 \quad \boldsymbol{r}_2 \quad \boldsymbol{t}\right]$；根据内参约束条件，令 $\boldsymbol{H} = \left[\boldsymbol{h}_1 \quad \boldsymbol{h}_2 \quad \boldsymbol{h}_3\right]$，即可得到以下方程：

$$\begin{cases} \boldsymbol{h}_1^{\mathrm{T}} \boldsymbol{K}^{-\mathrm{T}} \boldsymbol{K}^{-1} \boldsymbol{h}_2 = \boldsymbol{0} \\ \boldsymbol{h}_1^{\mathrm{T}} \boldsymbol{K}^{-\mathrm{T}} \boldsymbol{K}^{-1} \boldsymbol{h}_1 = \boldsymbol{h}_2^{\mathrm{T}} \boldsymbol{K}^{-\mathrm{T}} \boldsymbol{K}^{-1} \boldsymbol{h}_2 \end{cases} \tag{3.9}$$

对一个给定的单应性矩阵，由于有 8 个自由度和 6 个外参（3 个旋转矩阵参数和 3 个平移向量参数），则可以得到内参有两个基本的约束条件。

进行参数计算时，首先给出一个封闭解（Zhang，2000），在封闭解的基础上可计算出初始估值内参数矩阵，并可根据内参数矩阵计算外参数矩阵；然后根据最大似然估计给出非线性的最优化解；最后再考虑透镜的径向畸变，得到解析解和非线性解。

3.3.2 L-M 算法非线性优化

由于封闭解是通过最小化代数距离获得的，没有物理意义，需要通过最大似然估计理论完善。假定图像上像素点的噪声服从独立的同一分布，最大似然估计可以通过式（3.10）求得。

$$\sum_{i=1}^{n}\sum_{j=1}^{m} \| \boldsymbol{m}_{ij} - \tilde{\boldsymbol{m}}\left(\boldsymbol{K}, \boldsymbol{R}_i, \boldsymbol{t}_i, \boldsymbol{M}_j\right) \|^2 \tag{3.10}$$

式中，n 为图片数量；m 为每张模板图片的角点数。

式（3.10）的最小值即非线性优化问题，其过程需要通过迭代即通过更新权值，求得待估参数，寻找式（3.10）目标函数最小值。迭代停止的条件为目标函数小到一定程度，或目标函数的相对变化量小到一定程度，或达到预设的迭代次数上限。而在相机标定过程中，往往存在标定模板图片较多的情况，导致该优化迭代效率较低，影响智能手机标定效率。这些问题可通过应用 L-M 算法解决。

3.3.3 畸变优化

引入畸变对 L-M 线性方法进行修改，可以得到高精度的标定结果。通过 3.3.2 小节求得的相机参数与式（3.3）～式（3.6）确定的畸变模型，此时畸变模型的优化问题转变为一个最小二乘问题。利用选定的棋盘格角点的三维坐标和相应的图像坐标运算获取畸变参数。以 3.3.2 小节求解出的相机内外参数作为初始估值，采用非线性最小二乘的 L-M 算法求目标函数 F 的极小值以估计出更精确的相机内外参数。在用于标定的 n 幅标定模板图像中，有 $n\times m$ 个角点，利用残差最小化对式（3.11）标定参数进行优化，建立目标函数 F 为

$$F=\sum_{i=1}^{n}\sum_{j=1}^{m}\|\boldsymbol{m}_{ij}-\tilde{\boldsymbol{m}}(\boldsymbol{K},k_1,k_2,p_1,p_2,\boldsymbol{R}_i,\boldsymbol{t}_i,\boldsymbol{M}_j)\|^2 \tag{3.11}$$

式中，m 为第 i 幅图像获取的控制点个数；$\boldsymbol{M}_j$ 为世界坐标系中对应的模型点；$\tilde{\boldsymbol{m}}(\boldsymbol{K},k_1,k_2,p_1,p_2,\boldsymbol{R}_i,\boldsymbol{t}_i,\boldsymbol{M}_j)$ 为点 M_{ij} 在第 i 幅图像上的投影；$\boldsymbol{R}_i$ 和 $\boldsymbol{t}_i$ 为第 i 幅图像的外参数。

3.4　标定参数精度对比验证

为了验证上述算法，需要对相机标定方法进行算法实现，分析其可行性，并对其参数精度进行验证与分析。

3.4.1　算法实现

基于上述模型和算法，利用 Java 语言开发基于 Android 平台的相机快速标定软件进行实验。实验使用的测试设备型号为小米 3（MI 3），系统版本为 Android 4.4（API 23），后置摄像头为 1.3×10^8 像素，官方参考后置摄像头焦距为 29mm。其标定结果如图 3.4 所示（图 3.4 所示结果数据在表 3.1 中详细介绍）。

```
每幅图像的标定误差:
第1幅图像的平均误差: 0.125517像素
第2幅图像的平均误差: 0.126319像素
第3幅图像的平均误差: 0.182116像素
第4幅图像的平均误差: 0.12488像素
第5幅图像的平均误差: 0.158422像素
第6幅图像的平均误差: 0.120827像素
第7幅图像的平均误差: 0.169182像素
第8幅图像的平均误差: 0.115678像素
第9幅图像的平均误差: 0.116786像素
第10幅图像的平均误差: 0.102761像素
第11幅图像的平均误差: 0.0982349像素
第12幅图像的平均误差: 0.0965745像素
第13幅图像的平均误差: 0.180885像素
第14幅图像的平均误差: 0.0974937像素
第15幅图像的平均误差: 0.104986像素
第16幅图像的平均误差: 0.120585像素
第17幅图像的平均误差: 0.124569像素
第18幅图像的平均误差: 0.116275像素
第19幅图像的平均误差: 0.140883像素
第20幅图像的平均误差: 0.237221像素
总体平均误差: 0.13301像素

相机内参数矩阵:
[2864.280379265972, 0, 1663.235164422117;
 0, 2841.308282622172, 1226.372907882223;
 0, 0, 1]

畸变系数:
[0.004366102170160265, 1.758572909244558, 0.001125473492067968, 0.005366076570305718, -13.45974736367242]


第1幅图像的旋转向量:
[-33.4332067389732; -23.05418273463423; 184.2949566677784]
第1幅图像的旋转矩阵:
[0.9764612110491252, -0.213457745387571, -0.030972475692633369;
 0.2145096383397691, 0.9760611541120785, 0.03591988993216373;
 0.02256365165077096, -0.04171827378322601, 0.9988746003661974]
第1幅图像的平移向量:
[-2.079874059956558; -2.19060234591917; -0.3992149433252726]
```

图 3.4　相机标定结果

3.4.2　实验结果与分析

为了验证该标定方法的可行性和准确性，根据相机标定精度评估方法（全厚德等，2006），设计实验进行精度验证。该验证实验的技术路线如图 3.5 所示。

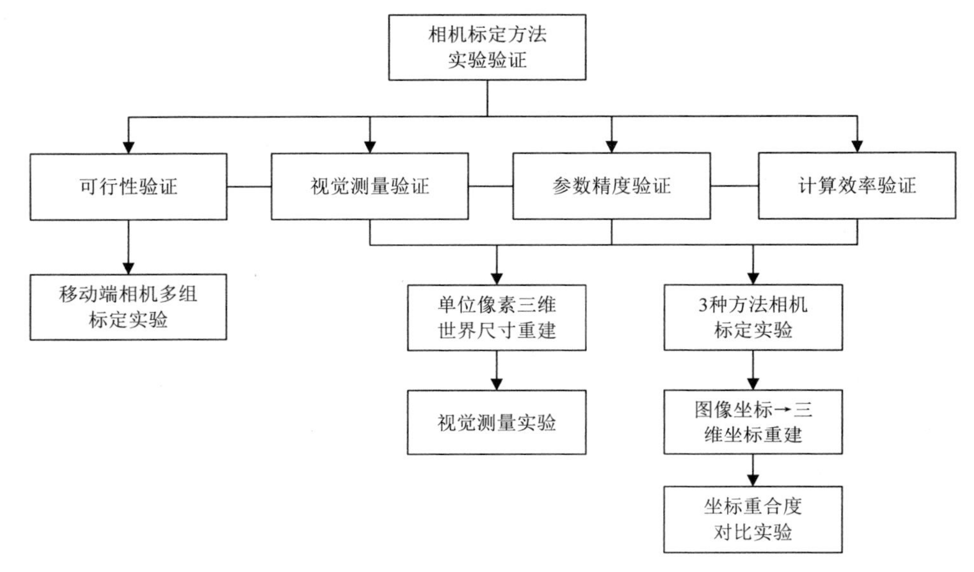

图 3.5　相机标定验证实验的技术路线

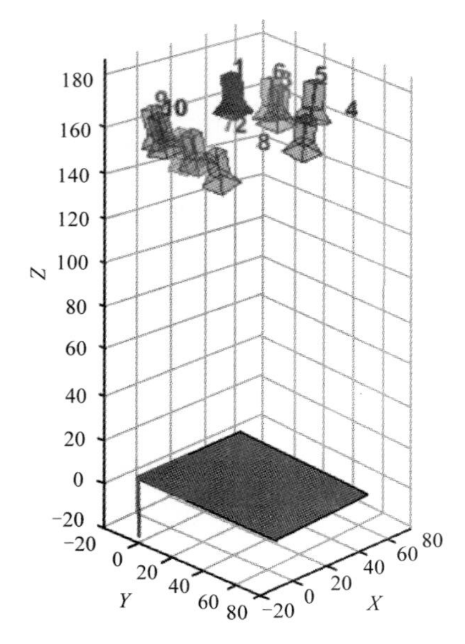

图 3.6　相机与标定板间的相对位置关系（单位：mm）

1. 可行性验证

可行性验证实验中，标定模板为棋盘格标定板（9×9 阵列，其中一个小方格大小为 10mm×10mm），从固定高度下不同角度获取 120 张标定模板图像（获取模板图像时，相机与标定板的相对位置关系如图 3.6 所示），随机分成 6 组，并随机选取其中 5 组进行实验，剩余一组用于参数精度及实验效率验证的精度评定。

经标定后的部分模板图像如图 3.7 所示，图中各角点处标有长度、方向不一的箭头，表示该角点存在大小、方向不一的偏移。

经畸变矫正后的部分模板图像如图 3.8 所示，图中黑色区域表示图像经过矫正拉伸，已消除图像畸变。所有标定模板中角点的实际偏移量统计坐标图，如图 3.9 所示。

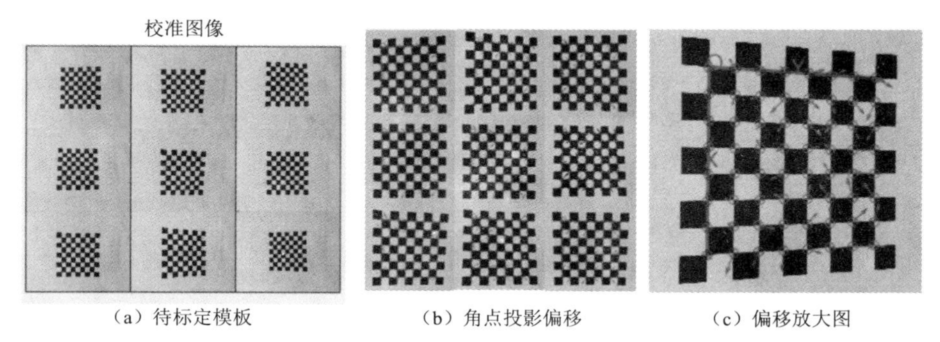

（a）待标定模板　　（b）角点投影偏移　　（c）偏移放大图

图 3.7　角点投影偏移示意图

图 3.8　畸变矫正后模板图像示意图

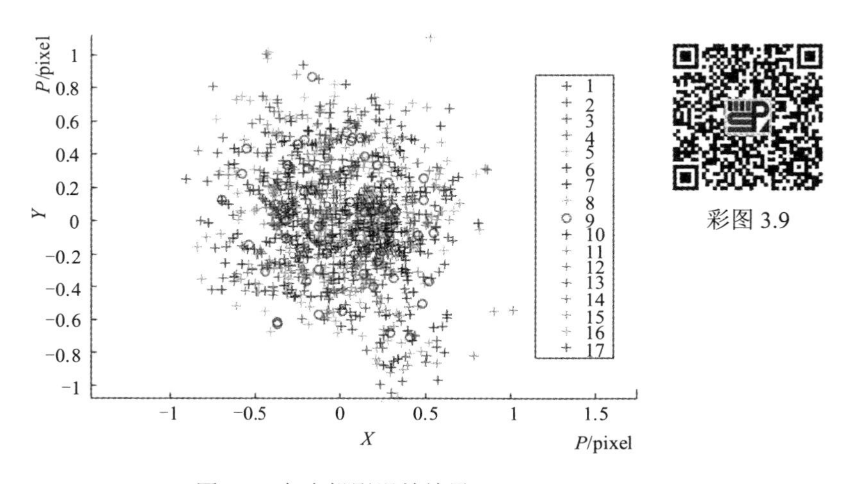

图 3.9　角点投影误差结果

图 3.9 为经畸变矫正后，各角点投影到图像空间的坐标误差，误差集中在 0～0.6 像素，最大误差小于 1 像素，该图直观地表示了各角点经矫正后的偏移量，反映了标定的准确性。

经相机标定及畸变矫正优化后获得的相机标定结果，如表 3.1 所示。

表 3.1　相机标定结果

参数	图像 1～20	图像 21～40	图像 41～60	图像 61～80	图像 81～100	参考值
f_x	2938.88	2852.27	2864.28	2948.46	2945.73	f: 29 mm
f_y	2914.97	2829.12	2829.12	2916.87	2916.11	f: 29 mm
u_0/像素	1228.40	1219.59	1226.37	1230.48	1228.65	1223.50
v_0/像素	1644.10	1627.35	1663.24	1654.50	1650.38	1631.50
k_1	0.03661	0.05614	0.00437	0.04045	0.03917	—
k_2	0.77369	0.31591	1.75857	0.89785	0.84215	—
p_1	0.00090	0.00035	0.00113	0.00121	0.00117	—
p_2	0.00266	0.00164	0.00537	0.00317	0.00301	—
反投影误差/像素	0.12033	0.12792	0.13301	0.12891	0.12540	—

可行性验证实验结果表明，该方法能够在 Android 设备上实现相机标定，且投影误差较小。

2. 视觉测量实验

在可行性验证实验的基础上，进行单位像素三维世界的物理尺寸重建（重建算法如图 3.10 所示），并进行视觉测量。在 100～200cm 距离下，每隔 10cm 采集 20 幅模板图像进行相机标定，采用标定模板为棋盘格标定板（9×9 阵列，其中一个小方格的大小为 30mm×30mm），并完成相应单位像素对应三维物理世界的尺寸重建和视觉测量。同时提取该距离下标定板边界之间的像素值，记录各参数及单位像素对应的物理尺寸。三维重建及视觉测量精度验证的实验数据如表 3.2 所示。

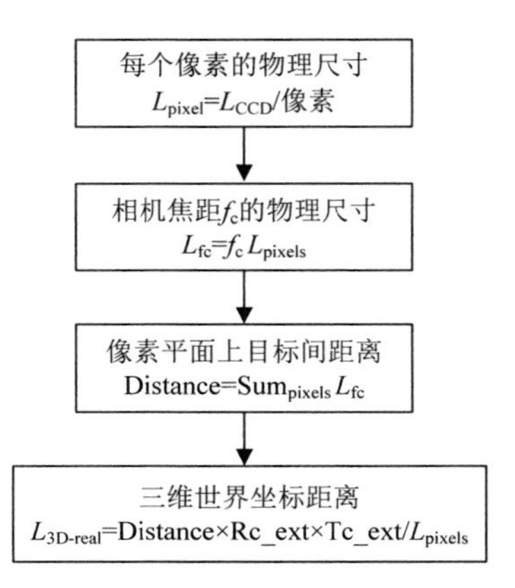

图 3.10　三维世界坐标重建算法流程图

表 3.2　三维重建及视觉测量精度验证参数

实验组	距离/cm	水平方向边缘角点间像素/像素	单位像素三维世界物理尺寸/(cm/像素)	测量尺寸/cm	真实尺寸/cm	相对误差/%
1	100	941.1360	0.283473	266.787	270.00	1.19
2	110	844.0717	0.315752	266.517	270.00	1.29
3	120	776.0232	0.343161	266.301	270.00	1.37
4	130	728.0062	0.365350	265.977	270.00	1.49
5	140	670.0067	0.396493	265.653	270.00	1.61
6	150	622.0129	0.426609	265.356	270.00	1.72
7	160	582.0034	0.455425	265.059	270.00	1.83
8	170	544.0331	0.487112	265.005	270.00	1.85
9	180	512.0352	0.516920	264.681	270.00	1.97
10	190	489.0041	0.541045	264.573	270.00	2.01
11	200	462.0097	0.571722	264.141	270.00	2.17

视觉测量实验表明，在 100～200cm 距离内，通过该方法对相机标定所得的参数进行视觉测量时，测量的精度较高，相对误差可控制在 2.20%以内。

3. 参数精度及效率验证实验

（1）选择可行性验证实验中用于精度评定的标定模板组，通过该方法进行标定，并分别采用张正友标定法和文献（刘杨豪等，2016）方法借助 MATLAB 进行仿真实验。

（2）提取该组标定模板图像中任一图片的角点像素坐标。

（3）根据相机模型中像素坐标与世界坐标间的单应性关系进行视觉重建，将二维像素坐标恢复为三维世界坐标，并与理想棋盘格标定板上的三维角点坐标进行对比。

两种方法得到的标定参数与该方法对比数据及 3 种标定方法的标定时间效率，如表 3.3 所示。

表 3.3　3 种方法标定结果对比

参数	张正友标定法	文献（刘杨豪等，2016）方法	本节实验方法	理想参考值
f_x	2894.60	2929.90	2938.88	f: 29 mm
f_y	2870.50	2910.60	2914.97	f: 29 mm
u_0/像素	1621.66	1643.70	1644.07	1631.50
v_0/像素	1217.92	1229.41	1228.43	1223.50
平均反投影误差/像素	0.46750	0.24700	0.12033	—

续表

参数	张正友标定法	文献（刘杨豪等，2016）方法	本节实验方法	理想参考值
t/s	0.328（PC 端）	0.222（PC 端）	0.234（智能手机） 0.063（PC 端）	—

利用表 3.3 中的 3 组参数，分别重建世界坐标系，得到 3 组实验世界坐标，如图 3.11 所示。

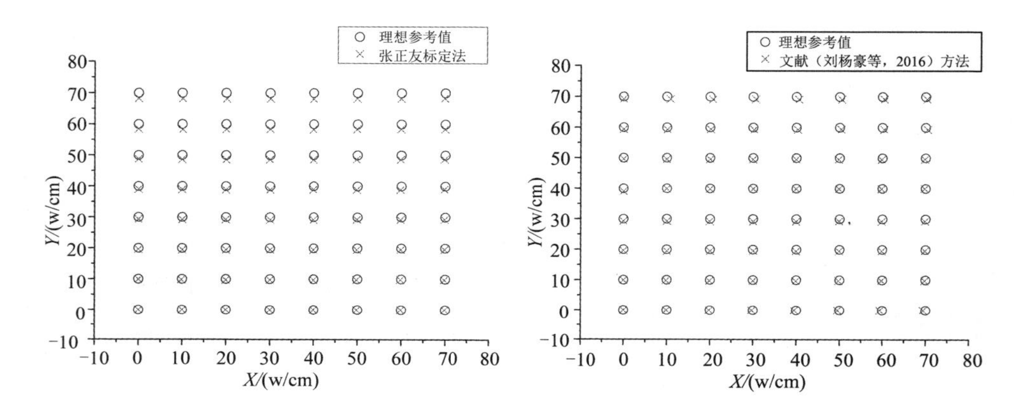

（a）张正友标定法　　（b）文献（刘杨豪等，2016）方法

彩图 3.11

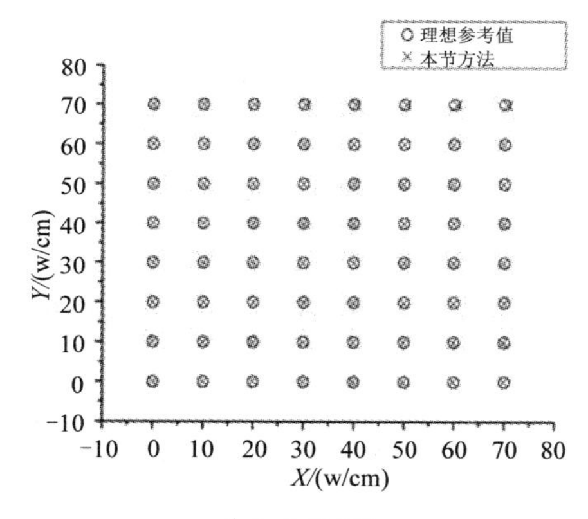

（c）本节方法

图 3.11　3 组参数重建坐标对比

在图 3.11 的 3 组坐标中，“○”代表理想坐标点，“×”代表经 3 种方法标定后的重建坐标点，从“○”与“×”的吻合度可以较为直观地看出不同方法重建坐标与理想坐标间的误差，经该标定方法得到的相机参数，进行像素坐标系到三维世界坐标系的坐标重建精度更高。

参数精度及效率验证实验结果表明，该标定方法在效率和精度上得到提升，张正友标定法标定结果的平均反投影误差为 0.47 像素，内外参数迭代耗时 0.328s；文献（刘杨豪等，2016）标定法的平均反投影误差为 0.25 像素，内外参数迭代耗时 0.247s；本节标定方法平均反投影误差为 0.12 像素，内外参数迭代耗时为 0.063s（智能手机计算时间为 0.234s）。经参数精度及效率验证实验可知，本节标定方法所得参数进行重建的世界坐标与理想坐标间误差小于其余两种方法重建所得误差。另外，在算法实时性方面也有一定优势。

3.5 本 章 小 结

本章通过分析现有标定方法无法实现在移动端快速获取相机参数的问题，提出一种适用于移动端相机的改进相机快速标定方法。该方法在传统相机标定方法的基础上，通过引入二阶径向畸变和二阶切向畸变描述手机相机镜头特性，建立带有非线性畸变项的相机模型，依据共面点的性质构建单应性矩阵，借助非线性最小二乘的 L-M 算法优化内参迭代效率及精度。通过在 Android 设备上进行实验和 MATLAB 仿真实验对比，结果表明该方法适用于计算能力较计算机弱的移动端相机快速标定。该方法为智能手机相机标定提供了一种精准、实用的标定方法，在基于智能手机的立木因子测量和计算机视觉测量等领域有良好的应用前景。

第 4 章　基于视觉显著性及形态学的立木树干轮廓检测

使用近景摄影测量和计算机视觉等技术进行森林资源测量时，存在立木目标占比小、形态学特征不明显、背景干扰多和光照不均匀的限制性因素，导致图像识别的有效性和鲁棒性较低的问题。本章针对上述问题，提出一种基于视觉显著性、色调分量特征融合和立木形态学特征的立木树干轮廓检测方法，并通过形态学方法中的膨胀和腐蚀的组合运算，消除细小噪声元素，填充细小空洞，最后结合主轮廓周长特点，提取立木树干主轮廓，实现目标分割。

4.1　视觉显著性表达

与工业环境下的计算机视觉图像分割过程相比，自然环境下立木轮廓的视觉分割问题具有目标对象形态各异、图像背景干扰因素多和光照不均匀等特点。所以，直接应用当前的感兴趣区域进行图像分割的方法效果不佳。针对上述问题，本章以自然环境中的立木图像为研究对象，提出一种结合视觉显著性的轮廓检测方法。

4.1.1　颜色空间选取

自然光照条件下获取的立木图像受环境影响，存在光照不均匀、阴影遮挡和色温变化等特点，因此自然环境下立木树干的颜色特征表达应选取合适的颜色模型。参考 RGB、CMYK、YUV、Lab、HSI、HSV 等颜色模型的空间分布方法，结合自然光照条件下的立木图像特征，选取一种可靠的、色域较宽的颜色模型，结合含有光照参数的颜色模型进行视觉显著性描述。

Lab 颜色模型基于人对颜色的感觉，是由亮度和两个范围的色彩组成的。其中，L 表示亮度属性；a 表示的颜色范围为洋红色至绿色；b 表示的颜色范围为黄色至蓝色。图 4.1 所示为 Lab 颜色模型色彩分布示意图。Lab 颜色模型色域宽阔，不仅能表现 RGB、CMYK 等颜色模型的色域，还能表现更多色彩。同时，Lab 颜色模型弥补了 RGB 颜色模型色彩分布不均匀的问题。由图 4.1 可知，通过 L、a、b 这 3 个分量的几何距离差异，可以较好地区别出同一图像中的不同颜色区域，适合于作目标显著性的特征表达。Lab 三分量通过式（4.1）提取，即

$$\begin{cases} L = \left(13933R + 46871G + 4732B\right)\text{div}2^{16} \\ a = 377 \times \left(14503R - 22218G + 7714B\right)\text{div}2^{24} + 128 \\ b = 160 \times \left(12773R + 39695G - 52468B\right)\text{div}2^{24} + 128 \end{cases} \tag{4.1}$$

彩图 4.1

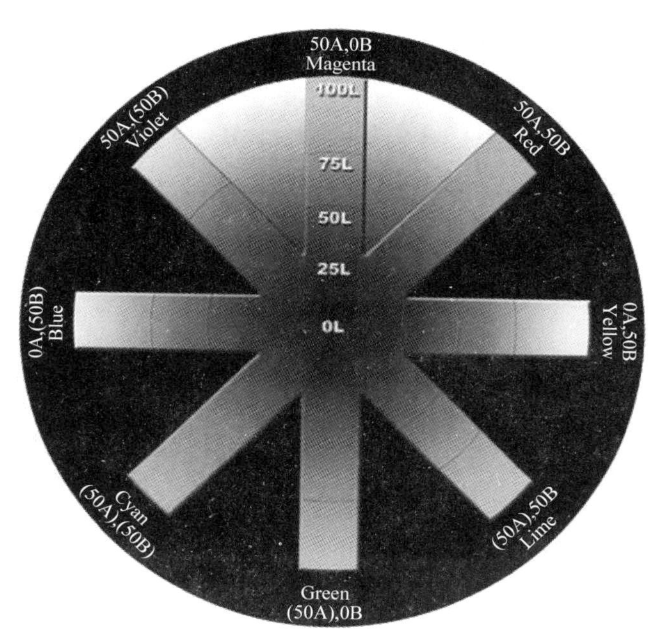

图 4.1　Lab 颜色模型色彩分布示意图

4.1.2　基于 Lab 颜色空间的视觉显著性表达

本节采用 Lab 颜色模型作为图像特征，对每个颜色通道 L、a、b 计算每个像素点 (x, y) 与整幅图像的平均色差并取平方；然后将这 3 个通道的值相加作为该像素的显著性值（Achanta et al., 2009；2010）；同时，采用 3×3 算子对图像进行卷积运算，得到下一次采样图，并构建高斯金字塔；对图像进行多次高斯平滑处理，最终得到高频图（视觉显著图），视觉显著性表达为

$$S(x, y) = \|\boldsymbol{I}_{\mu} - \boldsymbol{I}_{\omega_{hc}}\| = \sqrt{(L_{\mu} - L_{\omega_{hc}})^2 + (a_{\mu} - a_{\omega_{hc}})^2 + (b_{\mu} - b_{\omega_{hc}})^2} \tag{4.2}$$

式中，$S(x, y)$ 为像素点 (x, y) 的频率调谐视觉显著性值；$\boldsymbol{I}_{\mu}$ 为图像特征的几何平均向量；$\boldsymbol{I}_{\omega_{hc}}$ 为对原始图像的高斯模糊，采用 3×3 算子；下标 μ 为采集原始图像 Lab 空间特征分量的算术平均值；下标 ω_{hc} 为高斯滤波后图像每个像素点的特征分量。

将此方法应用于目标立木树干轮廓提取的特征表达中，如图 4.2 所示。所获得的视觉显著图能够有效捕捉到各颜色空间分量的剧烈跳变点，充分表达出立木树干与复杂背景间的颜色差异。这种图像频率调谐的视觉显著性表达，利用了图像平均信息，是一种全局对比度的描述方法，能够在 Lab 颜色空间清晰地表达出立木树干的边缘轮廓，从而为树干的有效分割提供了丰富的特征信息。

彩图 4.2

（a）原始图像

（b）频率调谐视觉显著性图

图 4.2　立木树干轮廓的视觉显著性图

4.2　色调分量均衡化与特征融合

仅依靠 Lab 颜色模型构建立木图像的视觉显著图，受光照影响较大。因此在视觉显著图的基础上，对图像进行色调分量均衡化与特征融合处理，提取较高质量立木树干轮廓。本节将引入 HSV 颜色模型中 H 分量融合到目标立木树干特征表达中，弥补在 Lab 模型上表达立木显著性时，光照不均匀所带来的影响。

4.2.1　色调特征提取

HSV 颜色模型中的三分量：H 代表色调，S 代表饱和度，V 代表明度。其中，H 参数表示色彩信息，即所处光谱颜色的位置，该参数用一个角度量表示红、绿、蓝，且分别相差 120°；饱和度 S 为比例值（0～1），表示所选颜色的饱和度和该颜色最大饱和度之间的比例；明度 V 表示色彩的明亮程度（明度与光照强度之间没有直接联系）。HSV 颜色模型如图 4.3 所示。

HSV 颜色模型中的 H 分量单独控制颜色，具有光照不变性，可以用来弥补在 Lab 颜色模型上，表达立木显著性时光照不同所带来的影响。H 分量的提取公式为式（4.3）和式（4.4）。

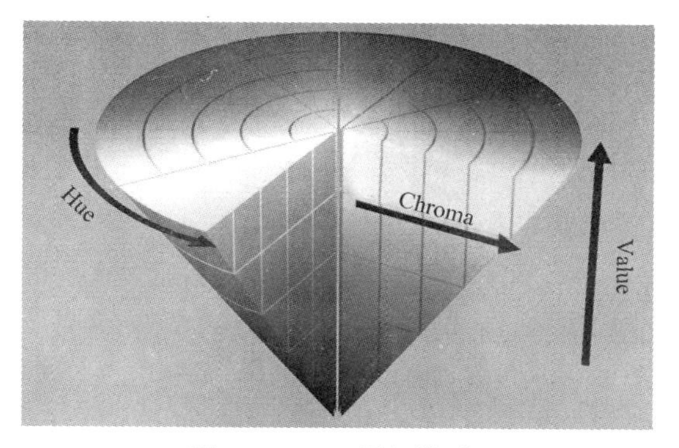

彩图 4.3

图 4.3　HSV 颜色模型

$$\begin{cases} \max = \max(R,G,B) \\ \min = \min(R,G,B) \end{cases} \tag{4.3}$$

$$\begin{cases} H = \dfrac{(G-B)}{(\max-\min)\times 60}, & (R=\max) \\ H = \dfrac{120+(B-R)}{(\max-\min)\times 60}, & (G=\max) \\ H = \dfrac{240+(R-G)}{(\max-\min)\times 60}, & (B=\max) \\ H = H+360, & (H<0) \end{cases} \tag{4.4}$$

其中，R、G、B 分别代表该像素单位的 RGB 值。

4.2.2　色调分量均衡化处理与特征融合

提取图像的 H 通道分量后，对 H 分量进行对比度受限自适应直方图均衡化（contrast limited adaptive histogram equalization，CLAHE）调整（Josephus et al., 2011；杨卫中等，2016），目的在于增强图像中立木树干部分的颜色对比度，可以更多地捕获棕褐色系的立木树干与绿色系的背景之间的细节差异。另外，与普通的直方图均衡化方法相比，该方法通过使用限制对比度来解决图像均衡化过程中存在的问题，如噪声过度放大、降低显著性效果等。将视觉显著图与均衡化 H 分量通过式（4.5）进行融合。

$$I_{\text{fusion}}(x,y) = \sqrt{H(x,y)S(x,y)} \tag{4.5}$$

式中，$I_{\text{fusion}}(x,y)$ 为每一像素点 (x,y) 的融合特征；$H(x,y)$ 为该像素点 (x,y) 的均衡化色调；$S(x,y)$ 为该像素点 (x,y) 的显著性值。通过融合调制，融入不受光照影响的 H 分量，减少光照强度对视觉显著性的影响，从而有效增强目标立木树干轮廓效果。融入 H 分量的特征表达图如图 4.4 所示。

（a）原始图像

（b）视觉显著性图

（c）H 分量图

（d）融合图

图 4.4　融入 H 分量的特征表达图

4.3　融合图像二值化

在融合图的基础上，进行图像预处理，将显著的感兴趣目标区域与背景分离，通过选取适当的阈值，对拥有 256 个亮度等级的灰度图像进行处理，将图像中所有的像素点设置为黑或白（0 或 255），令图像呈现出明显的黑白效果并凸显出感兴趣区域，减小图像的数据量，以便后续的噪声去除和孔洞填充处理。经二值化处理后的图像如图 4.5 所示。

（a）二值化前

（b）二值化后

图 4.5　二值化图

4.4　数学形态学处理

由于自然环境下存在诸多干扰物，如绿色树叶和杂草、棕褐色和棕黄色的土堆以及黄褐色的枯叶等。因此，在完成二值化处理后，图像上仍存在许多噪声点，同时由于立木树干上存在不同程度的纹理形态，二值化后，在树干轮廓内存在部分孔洞，因此需要对二值化图进行噪声处理和孔洞填充。

数学形态学（mathematical morphology）是一门建立在格论和拓扑学基础之上的图像分析学科，是数学形态学图像处理的基本理论（Lin et al., 2009）。其基本的运算包括二值腐蚀和膨胀、二值开闭运算、骨架抽取、极限腐蚀、击中击不中变换、形态学梯度、top-hat 变换、颗粒分析、流域变换、灰值腐蚀和膨胀、灰值开闭运算、灰值形态学梯度等（张海军等，2016）。形态学操作就是基于形状的一系列图像处理操作。OpenCV 为进行图像的形态学变换提供了快捷、方便的函数。最基本的形态学操作有两种，即腐蚀（erosion）与膨胀（dilation）。

通过腐蚀与膨胀能够消除图像中的噪声，在图像中连接（join）相邻的元素，寻找图像中明显的极大值区域或极小值区域，求出图像的梯度（Ackora-Prah et al., 2015）。在图像分割之后，仍会呈现出立木轮廓的不完整现象和部分残留噪声，包括树干纹理造成的空隙、树叶遮挡后不完整的轮廓等。因此，需要对预处理过后的图像进行处理，去除图像中除目标物外的噪声并填充立木树干内的空隙。

腐蚀操作为求局部最小值的操作，由图 4.6 可知，腐蚀操作即将图像 A 与核 B 进行卷积，计算核 B 覆盖区域像素点的最小值，并将该最小值赋值给参考点指定的像素。通过腐蚀操作，图像 A 中的高亮区域逐渐减小。

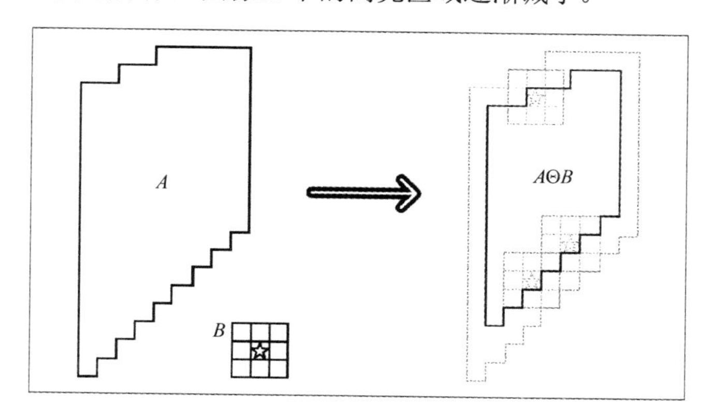

图 4.6　腐蚀原理

腐蚀的数学表达式为

$$\mathrm{dst}(x, y) = \min_{(x',y'):\mathrm{element}(x',y')\neq 0} \mathrm{src}(x + x', y + y') \tag{4.6}$$

膨胀操作为求局部最大值的操作，由图 4.7 可知，膨胀操作即将图像 A 与核 B 进行卷积，计算核 B 覆盖区域的像素点的最大值，并将该最大值赋值给参考点指定的像素。通过膨胀操作，图像 A 中的高亮区域逐渐增大。

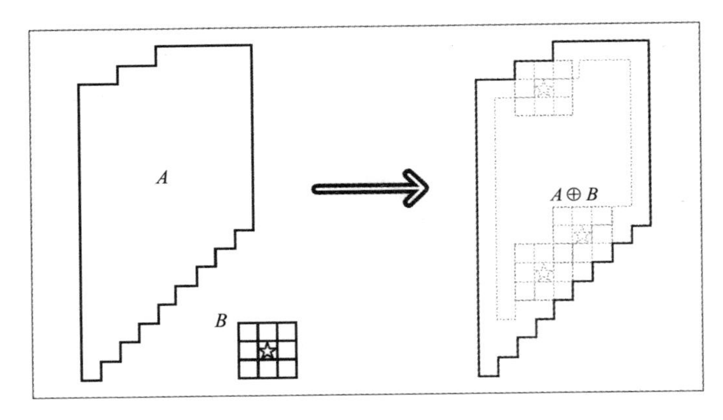

图 4.7　膨胀原理

膨胀的数学表达式为

$$\mathrm{dst}(x,y)=\max_{(x',y'):\mathrm{element}(x',y')\neq 0}\mathrm{src}(x+x',y+y') \tag{4.7}$$

在处理环境中的细小噪声点、树干纹理造成的空隙、树叶遮挡后不完整的轮廓等问题时，根据数学形态学中的腐蚀与膨胀原理，可对经预处理过后的图像进行腐蚀与膨胀处理，去除图像中除目标物外的噪声，并填充立木树干内的空隙。利用形态学的腐蚀和膨胀组合运算：通过开操作（先腐蚀后膨胀）分割出复杂背景环境中独立的噪声对象元素，并消除细小噪声对象，实现在纤细处分离物体和平滑较大物体边界的作用；再通过闭操作（先膨胀后腐蚀）连接图像中相邻的元素，填充立木树干轮廓内由于纹理等原因造成的细小空洞，实现连接邻近物体和平滑树干边缘的作用。根据上述原理，进行立木图像的形态学处理后，效果对比如图 4.8 所示。

（a）处理前　　（b）处理后

图 4.8　立木图像的形态学处理效果

4.5　立木主轮廓提取

通过上述开操作去噪处理后，由于图像背景复杂，仍有一定概率存在较大的干扰噪声块，在此基础上，利用立木主轮廓和干扰轮廓周长差距大的特点，剔除周长较小的干扰项，保留主轮廓，完成立木轮廓的输出。图像的形态学处理及主轮廓提取效果如图 4.9 所示。

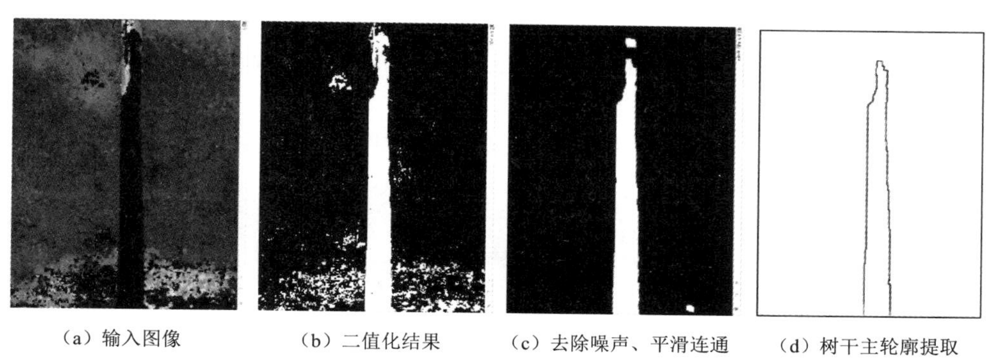

（a）输入图像　（b）二值化结果　（c）去除噪声、平滑连通　（d）树干主轮廓提取

图 4.9　图像的形态学处理及主轮廓提取

4.6　轮廓识别精度分析

立木树干轮廓识别精度分析需要进行图像采集，对立木树干的轮廓进行提取，并对其性能进行分析与评价。

4.6.1　图像采集及实验环境

利用小米 3（MI 3）手机的相机采集 100 幅自然环境下的立木图片，图片拍摄环境包含了晴天、多云及阴天等天气。拍摄环境的光照情况分为：光照（1）晴天太阳光均匀照射待测立木；光照（2）晴天太阳光非均匀照射待测立木且图像存在较强的背景光点干扰；光照（3）晴天遮阴，立木处于其他物体遮盖物阴影下；光照（4）阴天光照。拍摄立木树干胸径大于 20cm，拍摄距离为 2～3m。在进行轮廓识别精度实验时，将所有采集图像压缩至原图的 0.5 倍，以提高效率。

为验证本章方法在自然环境中的立木树干轮廓视觉分割的性能，选择以下平台进行实验：硬件配置：Intel® Core™i5-7200U 2.50GHz CPU，8GB RAM，NVIDIA GeForce 9400MX 显卡的计算机。软件环境：采用 Windows 10 操作系统，在 Visual C++ 2010 编程环境中实现，由 C/C++语言编写，具有较好的移植性，可进一步应用于其他硬件平台。

4.6.2　立木树干轮廓分割结果

实验材料为4.6.1小节中采集的不同光照条件下的立木图像，将4种光照条件下的25幅图像进行实验。每一幅图像上不仅包含棕褐色或灰褐色颜色特征的立木树干这一识别目标，同时还存在绿色树叶和杂草、棕褐色和棕黄色的土堆以及黄褐色的枯叶等大量背景干扰。

本实验同时选取了现有的较为成熟的图像分割算法作为对比：分别为最大类间的OTSU法（Xu et al., 2011; Zhang et al., 2008）、基于同态滤波和*K*-means聚类算法（Kanungo et al., 2002; Niukkanen et al., 2017）、Itti方法与本章方法进行对比，将得到的最终树干轮廓检测效果进行对比。

以上方法在不同光照环境中的图像分割效果如图4.10～图4.13所示。

（a）原始图像

（b）OTSU方法

（c）*K*-means方法

（d）Itti方法

（e）本章方法

图4.10　光照（1）环境下的立木树干分割结果

（a）原始图像

（b）OTSU方法

（c）*K*-means方法

（d）Itti方法

（e）本章方法

图4.11　光照（2）环境下的立木树干分割结果

（a）原始图像

（b）OTSU方法

（c）*K*-means方法

（d）Itti方法

（e）本章方法

图4.12　光照（3）环境下的立木树干分割结果

（a）原始图像

（b）OTSU 方法

（c）*K*-means 方法

（d）Itti 方法

（e）本章方法

图 4.13　光照（4）环境下的立木树干分割结果

4.6.3　观察评价

由 4.6.2 小节的分割效果图可知以下几点。

（1）本章方法能够从存在大量干扰物的复杂背景中准确提取立木树干，而 OTSU 法、*K*-means 法和 Itti 法受图像中的树叶、杂草等干扰物影响较大，出现较多的目标误分割。

（2）本章方法能够有效克服不同环境下亮度较暗带来的影响，图 4.11 所示较为明显，OTSU 法[图 4.11(b)]对背景中亮度接近立木树干亮度的部分容易造成较大干扰；*K*-means 法[图 4.11(c)]受对比度影响较大；Ittis 法在所有光照环境下的视觉显著性效果较差，其分割图存在大量干扰噪声。

（3）本章方法能够克服非均匀光照带来的强光点影响，不同环境下光照带来的影响在图 4.12 中较为明显，OTSU 法[图 4.12(b)]、*K*-means 法[图 4.12(c)]和 Itti 法[图 4.12(d)]对光照的影响较为敏感。

（4）Itti 法不适用于自然环境下的立木树干轮廓的识别。

（5）与其他方法相比，本章方法提取目标轮廓的视觉效果更加明显，如图 4.10 和图 4.11 所示，近景图像表现得更明显。

综上所述，本章方法能够在自然环境下，克服复杂背景噪声及光照的影响，有效分割出立木树干的轮廓。

4.6.4　性能指标评价

在观察评价的基础上，为了定量客观验证本章方法的性能，通过参考文献（Gao et al., 2014）中的误分率（misclassification error, ME）对图像分割进行评价。误分率是指以人眼观察结果作为标准参考图像，算法的分割结果与参考图像相比，被误分的像素占整幅图像的比例。误分率计算公式为

$$\mathrm{ME}=\left(1-\frac{\left|B_0 \cap B_{\mathrm{T}}\right|+\left|F_0 \cap F_{\mathrm{T}}\right|}{\left|B_0 \cap F_0\right|}\right)\times 100\% \tag{4.8}$$

式中，B_0、F_0 分别为参考图像中背景和目标像素集合；B_{T}、F_{T} 分别为利用算法

分割获得的背景和目标像素集合；$B_0 \cap B_T$ 为正确划分为背景的像素构成的集合；$F_0 \cap F_T$ 为正确划分为目标像素构成的集合；$|\ \ |$表示集合的势；ME 的取值为[0,1]。ME=0 表示分割结果与参考图像完全一致，反之亦然。本章提到的 4 种方法在不同光照条件下的图像分割误分率对比，如表 4.1 所示。

表 4.1　4 种方法在不同光照条件下的图像分割误分率对比

分割方法	ME/%				平均误分率
	光照（1）	光照（2）	光照（3）	光照（4）	
OTSU	18.73	31.40	13.56	16.12	19.95
K-means	22.19	32.33	12.97	18.63	21.53
Itti	69.07	50.70	72.72	65.64	64.53
本章方法	4.19	5.91	6.30	8.66	6.27

4.7 本章小结

本章提出了一种自然环境下目标立木树干轮廓的视觉分割方法。目标图像通过Lab颜色模型的视觉显著图和在HSV颜色模型中的均衡化H分量的融合特征，实现了自然环境中的立木树干轮廓检测。通过在晴天阳光均匀光照、晴天阳光非均匀光照、晴天遮阴和阴天无阳光 4 种光照环境下的（25 组共 100 张）图像采集和分割实验，得出以下结论：①本章方法为非监督分类方法，区别于传统神经网络方法，不需要进行图像训练，即可实现立木树干轮廓的有效分割；②在不同光照环境下能够准确提取目标立木树干轮廓，具有较强鲁棒性；③能够适应自然环境中的立木图像特点，克服自然环境中复杂背景干扰（包括树叶、枯枝等实物，不均匀光照，背景光斑等）；④检测出的立木轮廓感兴趣区域定位准确、边缘清晰，可有效抑制背景噪声，适应性强，是一种有效的自然环境下立木图像预处理的方法。

第5章 基于Graph Cut算法的多株立木轮廓提取方法

在计算机视觉研究中，轮廓是图像最基本的特征，物体轮廓不同于边缘，其包含更多的尺度信息。立木轮廓为立木三维重建、深度信息提取等提供易于理解和分析的图像表示方法，其中图像分割是轮廓提取的基础。在立木图像分割过程中，由于立木纹理、枝叶空隙影响，导致图像分割困难。针对自然环境下立木纹理、颜色和形态等的可变性，树叶之间存在空洞、立木之间相互遮挡等问题，本章将介绍一种基于Graph Cut算法的立木分割方法，并将其应用于多株立木分割过程。

5.1 材料和方法

本节首先介绍立木图像采集的过程与方法，包括在不同光照环境下对不同树种的图像采集，然后对Graph Cut算法的多株立木轮廓提取方法的流程进行概述。

5.1.1 立木图像采集

实验图像在自然环境下白天用手机拍摄，包括晴天、阴天、多云等天气条件，共采集不同特征图像200余幅。所拍立木品种有银杏树、松树、园艺树等，树高为1～6m，另因品种不同，高矮存在差异，故拍摄距离为3～8m，以保证拍摄目标立木的完整性。所采集的立木图像具有以下特征，采集立木图像分为晴天均匀光照、晴天非均匀光照（出现较强的光点干扰）、晴天遮阴（局部立木遮盖在阴影下）、阴天光照（阳光不足但相对均匀）这4种情况；由于立木生长状态不同，图像包含立木分离无遮挡、立木被遮挡和冠幅不一等情形；采集的立木图像中包含土壤、道路、房屋、草地等各种噪声。

5.1.2 立木轮廓提取方法

本章提出的立木轮廓提取方法技术路线如图5.1所示，主要分为立木图像采集、图像分割、边缘检测、轮廓提取及实验验证5个部分。

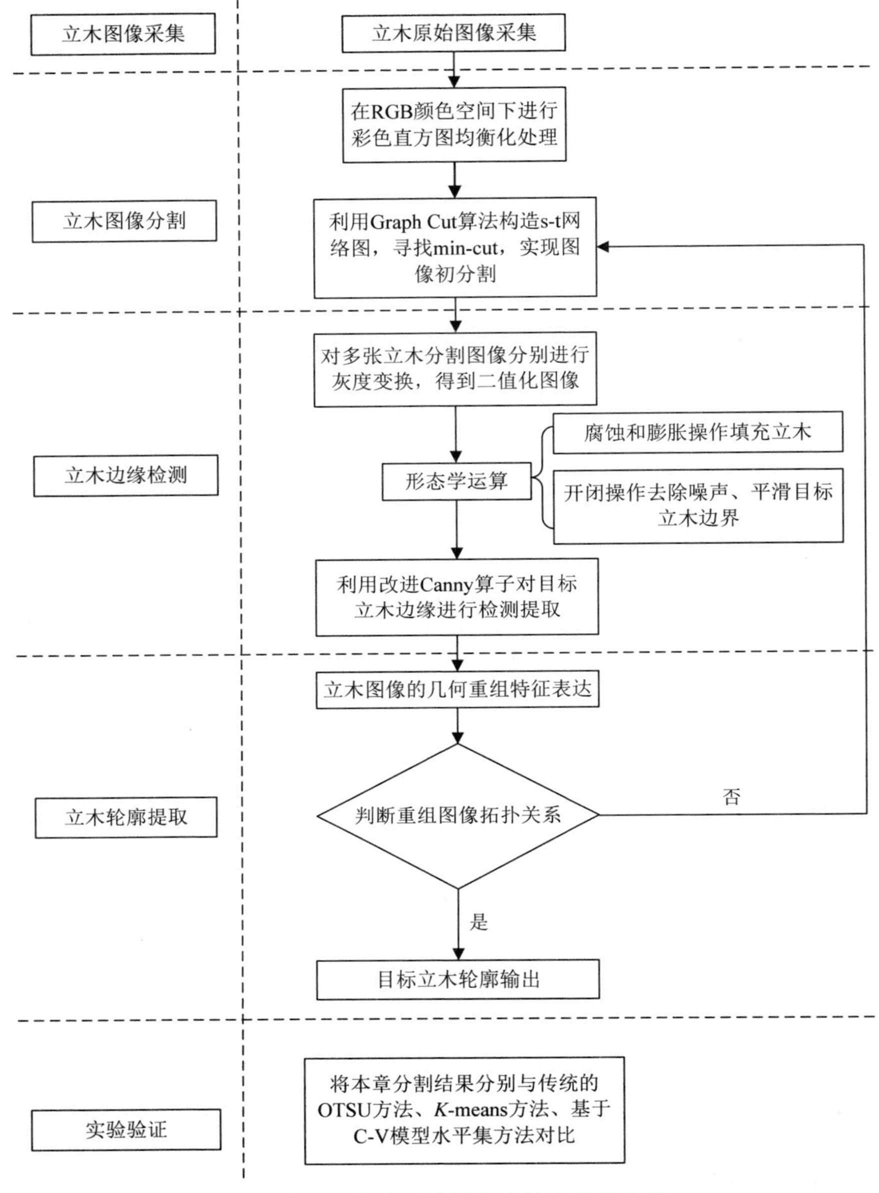

图 5.1　立木轮廓提取方法的技术路线

5.2　立木图像分割

Zabih 等（2004）提出 Graph Cut 算法用来进行图像分割，发明了 max-flow/min-cut 算法用来获得 *s-t* 图的最小割。Graph Cut 算法在计算机视觉领域普遍应用于医学图像处理、抠图等方面，该图像分割算法引入图割理论，将图像的最佳分割问题转化为求解能量函数最小化问题（即找出 min-cut 使能量最小化），标记前景、背景像素完成图像分割，本书基于此算法研究复杂背景下的立木图像分割。

Graph Cut 的分割思想是：对于一幅给定的图像 I，可用图论的思想描述为 $G=(V, E, W)$，其中 V 为顶点集，E 为连接相邻顶点的边集，W 为边的权重。图的顶点集 V 包括图像 I 中的像素点和两个特殊的顶点，即源点 S 和汇点 T（是由用户通过交互指定的特定区域，分别作为目标和背景的种子点）。同样地，网络图中的边也分为两种，即 n-links 和 t-links。n-links 表示图像中邻接像素对之间的边，t-links 表示两个特殊顶点 S、T 与图像中各个像素之间的边。该算法图像映射的 S-T 网络图如图 5.2 所示。

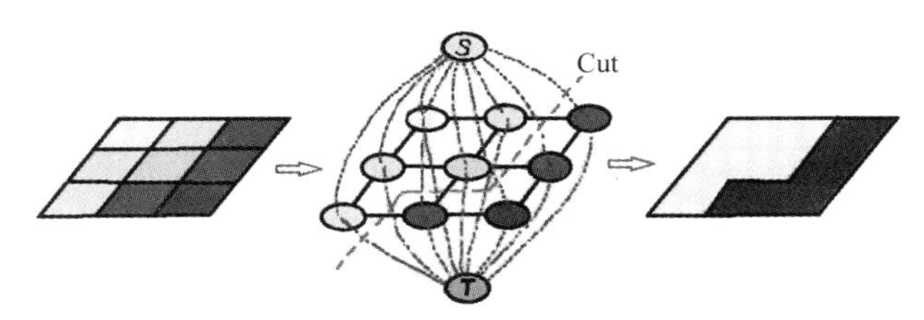

图 5.2　Graph Cut 算法流程图

构建 Graph Cut 模型步骤如下。

1. 构造网络图 $G=(V, E)$

第一步：构造顶点集为

$$V = P \cup \{S,T\} \tag{5.1}$$

式中，P 为原始图像的像素点集合，为普通像素点；S 为人工标记的前景像素集合；T 为人工标记的背景像素集合。

第二步：构造图的边集 E。

E 是连接节点的边集，每个像素均包含 n-link 和 t-link 两类，分别记为 $\{p, S\}$, $\{p, T\}$，$p \in P$，p 为普通像素点。边集为

$$E = N \bigcup_{p \in P} \{\{p,S\},\{p,T\}\} \tag{5.2}$$

第三步：赋权值，为边 E 赋权值 W，权值分配规则如表 5.1 所示。

表 5.1　相邻边 E 对应的权值 W

边	权值	条件
$\{p,q\}$	$B_{<p,q>}$	$\{p,q\} \in P$
$\{p,S\}$	$\lambda R_p(0)$	$p \in P$，$p \notin F \cup B$
	K	$p \in F$
	0	$p \in B$

续表

边	权值	条件
$\{p,T\}$	$\lambda R_p(1)$	$p\in P,\ p\notin F\cup B$
	0	$p\in F$
	K	$p\in B$

注：F 为前景；B 为背景；$B_{<p,q>}$为边界属性；$R_p(0)$为像素 p 属于背景的区域属性；$R_p(1)$为像素 p 属于前景的区域属性；K 为权值参数；S 为人工标记的前景像素集和 T 为人工标记的背景像素集。

2. 建立网络图 $G=(V, E, W)$

假设整幅图像的标签 label（每个像素的 label）为 $L=\{l_1, l_2, \cdots, l_p\}$，其中 l_i 为 0（背景）或者 1（目标）。图像分割为 L 时，能量函数为

$$E(L)=aR(L)+B(L) \tag{5.3}$$

$$R(L)=\sum_{p\in P}R_p(l_p) \tag{5.4}$$

$$\begin{cases} B(L)=\sum\limits_{|p,q\in N|}B_{<p,q>}\cdot\delta(l_p,l_q) \\ B_{<p,q>}\propto\exp\left(-\dfrac{(l_p-l_q)^2}{2\sigma^2}\right)\sigma(l_p,l_q)=\begin{cases}0, & l_p=l_q \\ 1, & l_p\neq l_q\end{cases}\end{cases} \tag{5.5}$$

$$K=1+\max_{p\in P}\sum_{<p,q>\in N}B_{<p,q>} \tag{5.6}$$

式中，$E(L)$为能量函数（也称损失函数），作用是寻找 min-cut；$R(L)$为区域项；$B(L)$为边界项；a 为非负权重系数。$R_p(l_p)$为像素 p 属于标签 l_p 的概率，如式（5.7）所示。$B_{<p,q>}$为像素 p 和 q 之间不连续的惩罚。

$$\begin{cases} R_p(1)=-\ln\Pr(I_p\,|\,'\mathrm{obj}') \\ R_p(0)=-\ln\Pr(I_p\,|\,'\mathrm{bkg}')\end{cases} \tag{5.7}$$

式中，I_p 指像素 p 为某一灰度级时的像素个数，'obj'为前景像素个数，'bkg'为背景像素个数。

Graph Cut 算法用于单张相片中多株立木图像分割的结果，如图 5.3 所示。

彩图 5.3

图 5.3　基于 Graph Cut 算法的立木图像分割结果

5.3　立木轮廓提取

立木轮廓提取主要包括边缘检测、轮廓提取两部分。

5.3.1　边缘检测

1. 数学形态学运算

数学形态学是基于集合论的图像处理方法，其基本思想是利用结构元素的“探针”收集图像信息，用于图像的结构特征分析。图像处理中最基本的运算是腐蚀和膨胀，开、闭运算可以由这两个基本运算推导产生。数学形态学主要用于图像预处理、图像增强、物体背景分割等场景中，其基本思想是利用点集性质、积分几何集及拓扑学理论对物体像素集进行变换。

腐蚀是形态学的基本操作，其定义为

$$A\Theta B=\{z\mid(B)_z\subseteq A\} \tag{5.8}$$

式中，A 为输入的原始图像；B 为结构元素；$A\Theta B$ 为 B 沿着区域 A 的内部遍历一圈，平移区域 B 形成的集合区，腐蚀后 Z 的边界即为 B 的中心形成的轨迹；$(B)_z$ 为将 B 的中心平移在 z 位置，腐蚀示意图如图 5.4 所示。

腐蚀和膨胀操作从图像分析上看，可以看作一种互逆运算，数学形式定义为

$$A\oplus B=\left\{z\mid(\hat{B})_z\cap A\neq\varphi\right\} \tag{5.9}$$

式中，$A\oplus B$ 为 A 被 B 膨胀；$\hat{B}$ 为中心对称变换后图形，区域 B 沿着 A 的边缘遍历一圈，A 膨胀 B 的结果为 A 本身加上 B 的中心扫过的区域，膨胀示意图如图 5.5 所示。

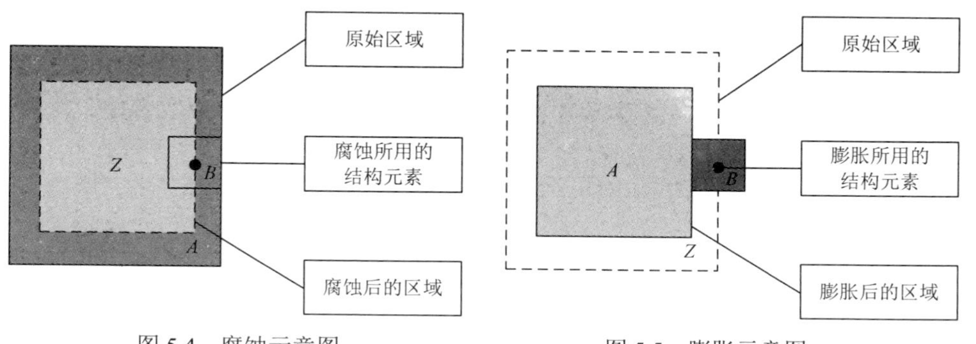

图 5.4　腐蚀示意图　　图 5.5　膨胀示意图

开闭运算是腐蚀与膨胀运算的复合运算。开运算操作定义为先对立木图像进行腐蚀操作再进行膨胀操作，作用通常为去除细小枝叶噪声和平滑立木边缘；闭运算操作定义为先对立木图像进行膨胀操作再进行腐蚀操作，作用是填充目标立

木枝叶间的散小空洞及分散部分，平滑立木边缘。开运算定义为

$$A \circ B = \left(A \Theta B\right) \oplus B \tag{5.10}$$

闭运算定义为

$$A \bullet B = \left(A \oplus B\right) \Theta B \tag{5.11}$$

Graph Cut 算法分割结果生成的多张目标立木图像在进行二值化后，立木图像结果存在多处独立噪声及空洞等情况，采用形态学操作方法对二值化图像做进一步处理，选用开闭运算的复合方式对其进行多次滤波，得到较平滑的目标立木图像，如图 5.6 所示。

彩图 5.6

图 5.6　形态学运算结果

2. 改进 Canny 边缘检测算子

Canny 算子是 John Canny 首次提出的边缘检测算子，通过图像信号函数的极大值来判断图像的边缘像素点。通常使用高斯滤波器卷积降噪，但同时会造成边缘模糊，丢失大量细节信息。针对以上问题，本章提出用双边滤波代替高斯滤波，通过控制双边滤波器权重参数来减少图像边缘信息的丢失。由于双边滤波是一种非线性滤波器，它的核函数不仅考虑了像素的欧氏距离，还考虑了像素范围域中的辐射差异（如卷积核中的像素与中心像素之间的相似程度、颜色强度、深度距离等），从而可以很好地保持边缘信息。

本章双边滤波是对高斯滤波方法的改进，主要将高斯权系数直接与图像信息作卷积运算的原理换成将滤波权系数优化成高斯函数和图像亮度信息的乘积，优化后再与图像信息作卷积运算，这样就能清晰地保持图像边缘信息，同时使图像边缘更加平滑，即

$$g\left(i,j\right) = \frac{\sum_{k,l} f(k,l)\omega(i,j,k,l)}{\sum_{k,l} \omega(i,j,k,l)} \tag{5.12}$$

式中，$g(i,j)$为输出像素值；$f(k,l)$为输入像素值；$\omega(i,j,k,l)$为加权系数。

利用改进 Canny 算子对目标立木形态学结果进行边缘检测、提取，结果如图 5.7 所示。

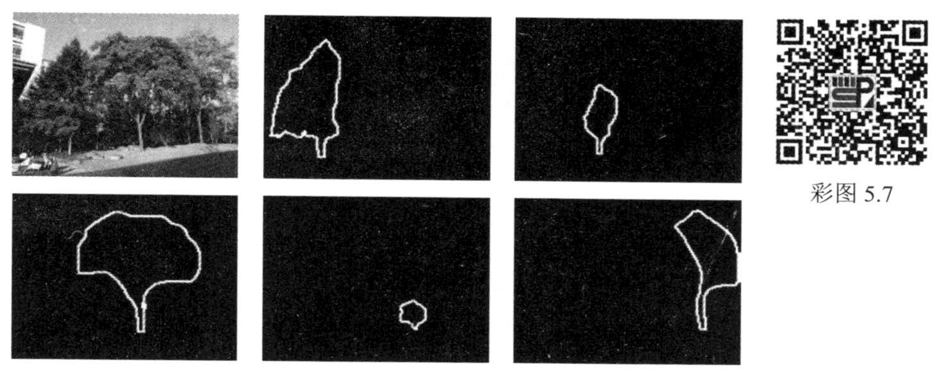

彩图 5.7

图 5.7　改进 Canny 算子边缘检测结果

5.3.2　轮廓提取

由 5.2.1 小节可以得到立木边缘信息，但当单幅图像中包含多株立木时，使用分割算法进行图像分割后，分别提取的立木边缘在图像重组中可能出现拓扑重叠，如图 5.8（b）所示，故需判断立木之间的拓扑关系。

根据重组图像的像素坐标不变性，多张图像融合时出现的立木边缘重叠部分，再次利用本文 Graph Cut 分割算法可以得到无拓扑错误的立木轮廓图，最终的多株立木轮廓提取结果如图 5.8（c）所示。

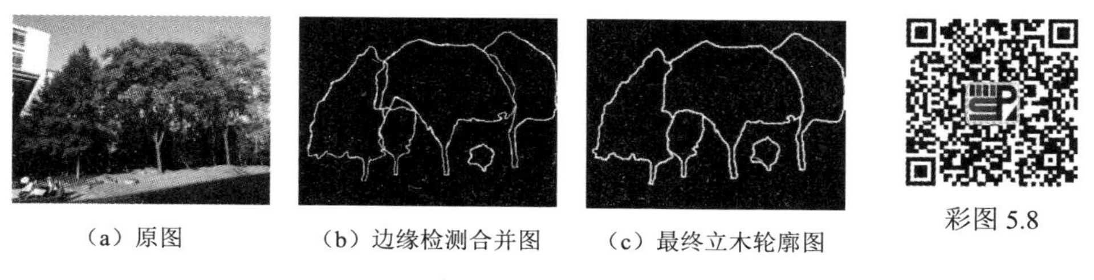

（a）原图　（b）边缘检测合并图　（c）最终立木轮廓图

彩图 5.8

图 5.8　立木轮廓提取过程

5.4　实验与结果分析

实验与结果分析主要包括实验环境、立木分割结果、分割指标评价与算法性能分析等。

5.4.1　实验环境

为了验证本章方法提取单张相片中多株立木分割的性能，选择以下平台进行实验。

硬件配置：Intel® Core™i5-3317 U CPU，1.7GHz，Intel HD400+NV GT635M，8GB RAM 的配置计算机。

软件环境：在 Windows 8 操作系统下，结合 Visual C++ 2015 环境中配置 OpenCV 3.0.0 计算机视觉库，由 C++语言编写，具有很好的可移植性。

5.4.2　立木分割结果

实验对象为晴天均匀光照、晴天非均匀光照、晴天遮阴、阴天光照等条件下采集的 4 类立木图像，每类选取 50 幅进行实验。所选实验图像不仅包含颜色纹理相近立木，同时还存在颜色纹理相近的杂草、土壤等大量背景干扰。

另外，实验还选取了目前广泛采用的图像非监督分割算法，包括传统的 OTSU 法、*K*-means 聚类法及基于 C-V 模型水平集分割方法，与本章算法在立木图像的分割效果上进行对比（为直观地与其他分割方法进行比较，图 5.9～图 5.12 所示的本章分割图为执行一次 Graph Cut 算法得到的，轮廓图为执行多次 Graph Cut 得到的最终立木轮廓结果）。图 5.9～图 5.11 表现出分割方法在实验图像上得到的一些典型效果。

从图 5.9～图 5.12 所列出的 4 种分割结果可以得到以下结论。

（1）本章方法能够准确提取出复杂背景图像中的立木轮廓，如图 5.9（e）、图 5.10（e）、图 5.11（e）、图 5.12（e）所示。而 *K*-means 法和 OTSU 法受邻近物体影响较大，易出现误分割，相比较基于 C-V 模型水平集的分割精度提高，如图 5.9 和图 5.11 所示。

（2）与 OTSU 方法、*K*-means 方法和基于 C-V 模型水平集的分割方法相比较，本章方法能够有效区分背景较为复杂图像中的立木遮挡、重叠处的界线，如图 5.9、图 5.11 和图 5.12 所示。

（3）本章方法能有效克服非均匀光照带来的强光影响，图 5.10 中的强光和图 5.11 中的树干直射光，并未造成误分割，如图 5.10（e）、图 5.11（e）所示。而基于 C-V 模型水平集法、OTSU 法、*K*-means 法受光照影响较大，在有强光的图像中分割效果较差，如图 5.10（d）、图 5.11（d）所示。

（4）本章方法能够克服颜色纹理影响，效果如图 5.12（e）所示。

彩图 5.9

（a）原始图像

（b）OTSU 方法

（c）*K*-means 方法

图 5.9　晴天均匀光照下立木图像分割结果

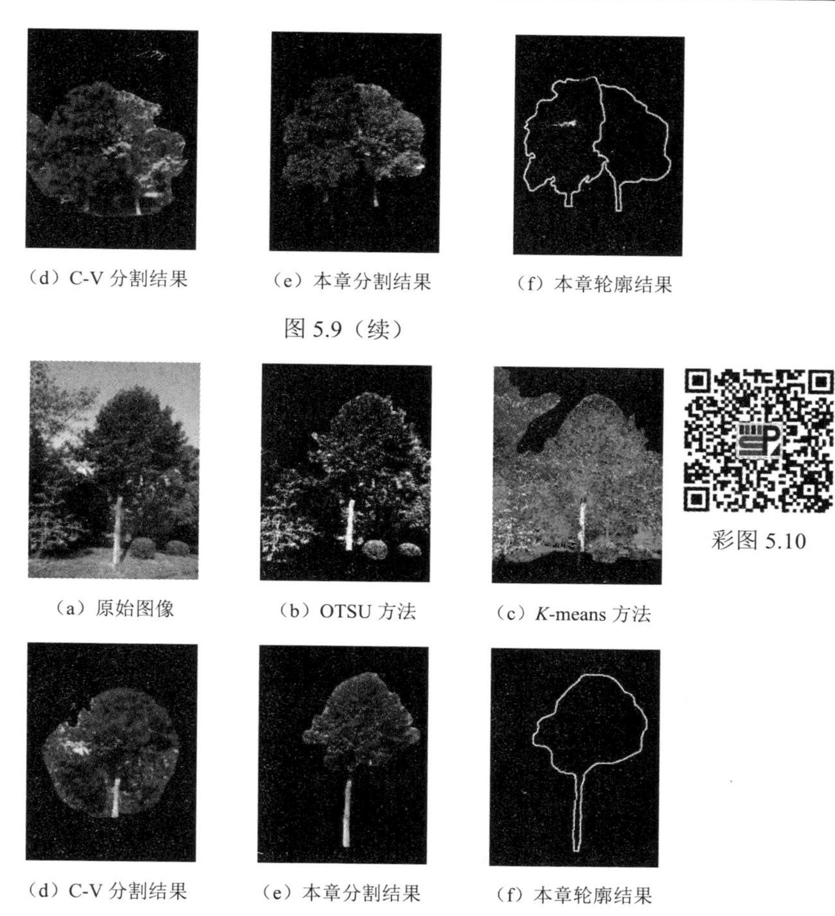

（d）C-V 分割结果　（e）本章分割结果　（f）本章轮廓结果

图 5.9（续）

（a）原始图像　（b）OTSU 方法　（c）*K*-means 方法

（d）C-V 分割结果　（e）本章分割结果　（f）本章轮廓结果

彩图 5.10

图 5.10　晴天非均匀光照下立木图像分割结果

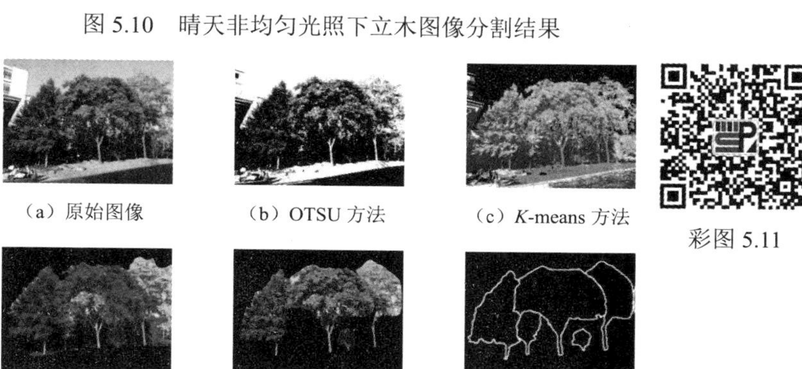

（a）原始图像　（b）OTSU 方法　（c）*K*-means 方法

（d）C-V 分割结果　（e）本章分割结果　（f）本章轮廓结果

彩图 5.11

图 5.11　晴天遮阴下立木图像分割结果

彩图 5.12

（a）原始图像

（b）OTSU 方法

（c）*K*-means 方法

（d）C-V 分割结果

（e）本章分割结果

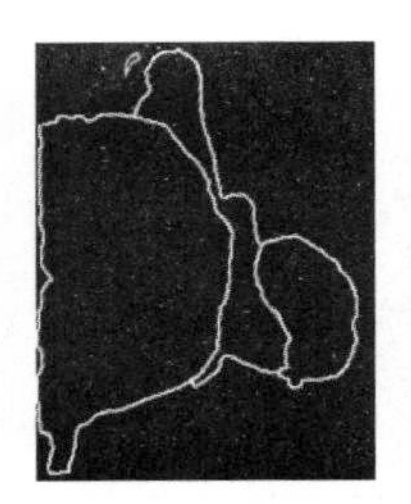

（f）本章轮廓结果

图 5.12　阴天光照下立木图像分割结果

5.4.3　分割指标评价

为了客观评价分割的效果，本章选用误分率 A_f、假阳性率 FPR 和假阴性率 FNR 这 3 个评价指标进行实验结果的评价，即

$$A_f = \frac{|A_1 - A_2|}{A_1} \times 100\% \tag{5.13}$$

$$\mathrm{FPR} = \frac{|A_2 - (A_2 \cap A_1)|}{\bar{A}_1} \times 100\% \tag{5.14}$$

$$\mathrm{FNR} = \frac{|A_1 - (A_1 \cap A_2)|}{A_1} \times 100\% \tag{5.15}$$

式中，A_1 为目标的真实面积；A_2 为算法分割得到的面积，单位为像素。这 3 个指标的值越低，则分割的结果越好，目标提取的精度越高。现对 OTSU 算法、*K*-means 算法、基于 C-V 模型水平集法、本章算法分割后的图像进行评价。本章在晴天均匀光照、晴天非均匀光照、晴天遮阴、阴天光照的实验图像中分别选取 3 张、4 张、4 张、4 张图像进行分割指标评价，结果如表 5.2 所示。

表 5.2　不同分割方法评价指标统计

目标序号	OTSU 方法分割结果/%			*K*-means 方法分割结果/%			基于 C-V 模型水平集法分割结果/%			本章方法分割结果/%		
	A_f	FPR	FNR	A_f	FPR	FNR	A_f	FPR	FNR	A_f	FPR	FNR
1	50.32	26.96	2.89	53.73	34.24	13.84	37.63	20.32	12.25	2.65	2.11	6.82

续表

目标序号	OTSU 方法分割结果/%			*K*-means 方法分割结果/%			基于 C-V 模型水平集法分割结果/%			本章方法分割结果/%		
	A_f	FPR	FNR	A_f	FPR	FNR	A_f	FPR	FNR	A_f	FPR	FNR
2	30.25	25.36	10.23	25.32	12.02	20.39	10.98	9.96	11.11	1.92	2.40	1.64
3	7.55	10.93	8.29	77.05	70.93	0.85	2.08	42.88	30.63	1.71	4.06	4.87
4	28.12	30.14	3.25	33.36	33.76	1.78	6.38	7.69	3.69	1.89	0.20	2.10
5	75.46	43.57	7.73	90.12	61.32	5.02	69.35	58.42	23.58	5.21	1.64	5.61
6	42.21	25.36	22.02	52.36	36.58	12.03	52.03	47.39	28.36	3.68	1.32	4.95
7	35.02	20.25	11.02	45.02	41.41	15.52	12.05	10.02	8.25	6.85	5.28	1.58
8	52.36	28.25	9.36	35.25	25.36	10.23	41.02	20.45	10.52	7.28	8.36	5.56
9	42.78	30.25	12.36	57.23	42.05	14.25	14.78	2.08	5.86	10.02	7.23	5.41
10	25.47	12.05	5.36	60.32	25.36	11.36	25.28	12.08	7.36	7.32	2.37	5.34
11	42.25	35.02	12.05	45.75	12.85	9.23	36.87	18.05	8.56	5.39	8.23	4.32
12	22.35	10.35	5.36	38.28	41.05	20.14	25.36	10.28	17.32	3.25	8.25	3.87
13	44.25	24.35	12.35	57.02	41.02	25.81	14.25	7.58	12.80	14.28	7.38	5.39
14	56.32	34.02	24.05	45.50	35.02	10.02	38.08	15.32	5.86	5.02	5.86	2.30
15	66.32	44.02	18.52	33.25	12.35	8.32	40.36	25.36	14.58	7.87	2.65	5.25
均值 Mean	41.40	26.73	10.99	49.97	35.02	11.92	28.43	20.53	13.38	5.62	4.49	4.33

注：A_f、FPR、FNR 分别表示误分率、假阳性率和假阴性率。

由表 5.2 可以看出，本章算法指标的误分率 A_f、假阳性率 FPR 和假阴性率 FNR 均值为 5.62%、4.49%、4.33%，均低于 OTSU 算法指标 41.40%、26.73%、10.99% 以及 *K*-means 算法指标 49.97%、35.02%、11.92%和基于 C-V 模型水平集指标 28.43%、20.53%、13.38%。结果表明，本章方法在不同的复杂光照情况下，均有较好的性能指标。

5.4.4　算法性能分析

1. 标记程度对图像分割效果的影响

本章在立木图像感兴趣区域通过鼠标画线的标记方式标记出前景和背景区域，通过计算标记像素点集占图像总像素数的占比度量算法性能。如图 5.13 所示，标记线像素数占图像总像素数的占比越大，说明标记程度越复杂，图像分割效果越好。

2. 算法速度分析

为比较分析本章 4 种不同分割算法的分割效率，从采集的 200 张立木图像中随机抽取 30 张，分为 3 组进行算法图像分割实验，4 种算法每组平均执行时间如

彩图 5.13

表 5.3 所示。计算不同分割算法平均程序运行时间分别为：本章方法为 5.767s 低于 *K*-means 算法（12.440s）和基于 C-V 模型水平集算法（10.058s），稍高于 OTSU 算法（5.223s），但是实际分割结果不如本章算法。

图 5.13　不同标记程度的分割效果对比

表 5.3　不同分割方法的平均分割时间对比　（单位：s）

分组序号	平均分割时间			
	OTSU 分割结果	*K*-means 分割结果	基于 C-V 模型水平集分割结果	本章分割结果
1	5.853	8.625	7.358	5.254
2	4.544	12.967	12.937	6.821
3	5.271	15.727	9.879	5.225
平均	5.223	12.440	10.058	5.767

5.5　本 章 小 结

本章提出一种基于 Graph Cut 算法的多株立木轮廓提取方法。该方法在不同光照强度下能够准确分割特定目标立木，实现了对单张相片中每株立木界线的提取。这说明本章方法能够克服自然环境下的复杂背景干扰。从立木分割结果的精度看，本章方法可以用于立木胸径、树高、冠幅等测树因子测量。

第 6 章　基于 Mean-Shift 算法的立木图像分割方法

基于计算机视觉的数字图像处理被广泛应用于农林业，如农产品无损检测（周水琴等，2012）、果实分割（王玉德等，2014）、植物病害（周强强等，2015）、林分蓄积估算（谢士琴等，2017）和测树因子提取（张凝等，2014）等。图像分割是图像分析识别的关键，而立木图像分割结果可为立木可视化重建、深度信息提取、立木树高胸径测量等（吴鑫等，2013；王建利等，2013）提供易于理解和分析的图像表示。目前常用的立木分割方法有基于数学形态学的树木图像分割方法（阚江明等，2006）、基于分形理论的树木图像分割方法（赵茂程等，2004）、基于BP 神经网络和纹理特征的马尾松图像分割方法（黄健等，2009）、基于灰度梯度图像分割的单木树冠提取方法（冯静静等，2017）等。

本章结合立木图像树冠存在的枝叶空隙、背景复杂等特点进行多角度图像抽象，然后根据位置、颜色（HSI 颜色空间）、纹理等多维特征定义出自适应空域带宽、值域带宽、纹理带宽，结合高斯核函数进行 Mean-Shift 聚类，实现自动化立木图像分割。

6.1　立木图像分割原理

Mean-Shift（均值漂移）算法是一种无参快速统计迭代算法，该算法被Fukunaga 等（1975）首次提出用于图像分割。有些学者将均值漂移算法应用到农业领域，Zheng 等（2009）首次把 Mean-Shift 算法应用到绿色植被分割中；伍艳莲等（2014）在此基础上提出改进，根据图像颜色指数分布的丰富程度定义自适应空域带宽，采用渐进积分均方差来获得自适应值域带宽；其他一些学者（Hong et al., 2007；Li et al., 2011；Ting et al., 2013；Lebourgeois et al., 2013；Gu et al., 2001）也提出改进 Mean-Shift 聚类算法，采用各种方法自适应带宽，达到图像分割目的。

本章主要在 Mean-Shift 算法的空域带宽和值域带宽的基础上，加入纹理带宽，利用各自适应的方法自动求取带宽，代入合适的核函数，计算出平移向量。

本章提出的立木图像分割方法的技术路线如图 6.1 所示。

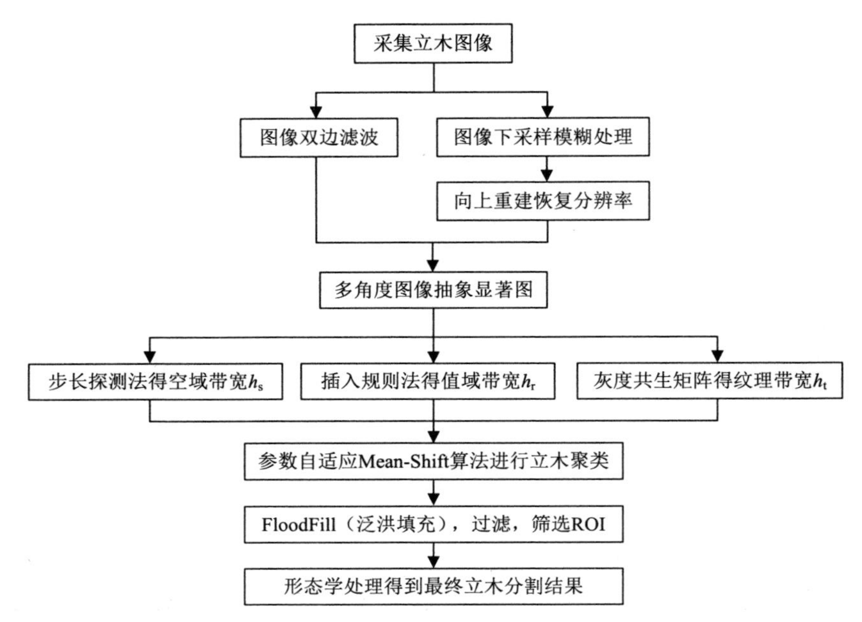

图 6.1　基于 Mean-Shift 算法的立木图像分割方法的技术路线

6.2　多角度立木图像抽象

因自然环境下立木冠层多有空洞等特征，故分割之前需对这些特征进行预处理。本节主要从平滑立木图像背景、冠层存在空洞特征两个角度进行图像抽象，达到图像平滑、模糊的目的。

6.2.1　背景平滑

双边滤波（bilateral filters）是一种非线性滤波器，它可以达到保持边缘、降噪平滑的效果。和其他滤波原理一样，双边滤波也是采用加权平均的方法，用周边像素亮度值的加权平均代表某个像素的强度，所用的加权平均基于高斯分布。最重要的是，双边滤波的权重不仅考虑了像素的欧氏距离（如普通的高斯低通滤波只考虑了位置对中心像素的影响），还考虑了像素范围域中的辐射差异（如卷积核中像素与中心像素之间的相似程度、颜色强度、深度距离等）。因拍摄立木一般处于图像中心位置，根据滤波特性，立木图像四周物体得到较好的平滑处理，且保留了边缘信息，故本章选用双边滤波对图像进行平滑处理，从而减少了背景噪声的影响。双边滤波二维图像说明如图 6.2 所示，则图像双边滤波 $\mathrm{BF}[I]_\mathrm{p}$ 的计算公式为

$$\mathrm{BF}[I]_\mathrm{p}=\frac{1}{W_\mathrm{p}}\sum_{q\in S}G_{\sigma_\mathrm{s}}(\|p-q\|)G_{\sigma_\mathrm{r}}(|I_\mathrm{p}-I_\mathrm{q}|)I_\mathrm{q} \tag{6.1}$$

式中，I_p 为当前像素；I_q 为相邻像素；S 为空间域；σ_s 为平滑一个像素的空间域尺

寸；σ_r 控制因强度差异相邻像素的权重；W_p 为标准化权重之和；$G_{\sigma_s}(\| p-q \|)$ 为空间权重；$G_{\sigma_r}(| I_p - I_q |)$ 为像素范围域权重。

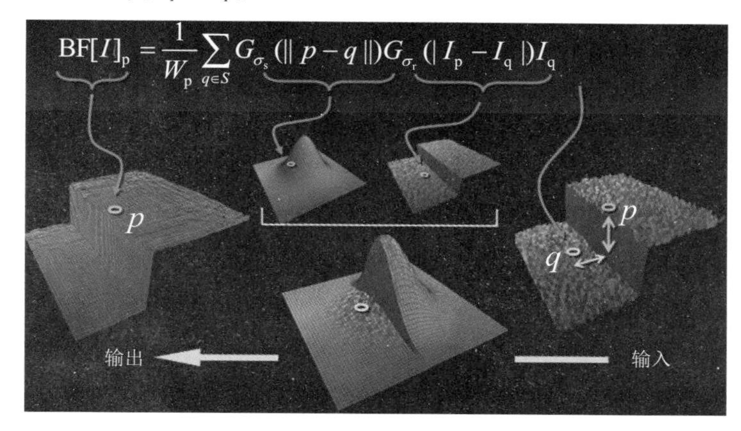

彩图 6.2

图 6.2　双边滤波方法二维原理

在计算中心像素时，双边滤波同时考虑了像素欧氏距离和像素范围域中的辐射差异这两个权重，故本节结合图像特征采用双边滤波方法对图像进行平滑处理，双边滤波平滑立木图像结果如图 6.3（b）所示。

彩图 6.3

（a）原图

（b）双边滤波处理结果图

图 6.3　双边滤波平滑立木图像

6.2.2　冠层空洞模糊

图像金字塔是一种图像多尺度表达，一幅图像的金字塔是一系列以金字塔形状排列的分辨率逐步降低，且来源于同一张原始图的图像集合，如图 6.4 所示。常见的两类图像金字塔分别为：高斯金字塔（Gaussian pyramid），主要用来向下采样；拉普拉斯金字塔（Laplacian pyramid），主要用于从金字塔低层图像重建上层未采样图像，在数字图像处理中也是预测残差，可以对图像进行最大程度的还原，配合高斯金字塔一起使用。

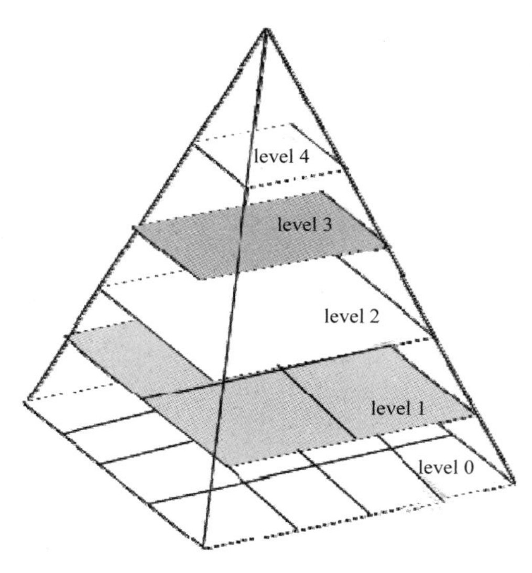

图 6.4　图像金字塔

彩图 6.5

本节利用 OpenCV 库中的图像金字塔 pyrDown( )和 pyrUp( )相关函数实现图像的缩小和还原功能，得到立木图像金字塔，如图 6.5(a) 所示，达到填充立木图像冠层空隙的目的。将双边滤波方法和图像金字塔结果融合得到最终的图像抽象显著图，如图 6.5（b）所示。

（a）立木图像金字塔

（b）图像抽象显著图

图 6.5　图像抽象结果

6.3　多维自适应 Mean-Shift 算法立木聚类

Mean-Shift 是一种核密度估计的迭代算法，其核心是对特征空间的样本点进行聚类，样本点沿梯度方向收敛至密度梯度为零的点即为模态点。假设$\{x_i\}(i=1,2,\cdots,n)$表示 d 维欧式空间 $\mathbf{R}^d$ 中的任意 n 个点的集合 S_h，在点 x 处，以核函数 $K(x)$和带宽 h 估计密度函数定义为

$$\hat{f}(x)=\frac{1}{nh^d}\sum_{i=1}^{n}K\left(\frac{x-x_i}{h}\right) \tag{6.2}$$

则 Mean-Shift 平移向量定义为

$$m_{h,G(x)}=\frac{\sum_{i=1}^{n}x_i g\left(\left\|\frac{x-x_i}{h}\right\|^2\right)}{\sum_{i=1}^{n}g\left(\left\|\frac{x-x_i}{h}\right\|^2\right)} \tag{6.3}$$

式中，$g(x)=-K'(x)$。

在 Mean-Shift 迭代过程中，带宽 h 是非常重要的参数，它不仅决定着图像分割质量，还影响算法的收敛速度和准确性。确定带宽的方法一般有两种。①全局固定带宽，确定全局带宽的方法有两种：一种是根据经验人为确定（Tao et al., 2007；Kim et al., 2008），制约了自动化过程；另一种是根据整体数据估计最优全局带宽。Hong 等使用 plug-in 规则估计全局带宽，当图像包含多种模态点时，其计算出的带宽并非是全局最优带宽。②局部自适应带宽，Comaniciu 等（2001）提出了两种局部自适应带宽选择方法。在上述确定带宽方法中，还存在一些问题需要结合立木图像特征进一步研究，故本章提出基于多维特征自适应带宽，根据立木图像数据的分布特征，密度大的区域采用小带宽；相反，则采用大带宽。

6.3.1　多维特征自适应带宽

立木图像特征向量包括位置、边界、纹理、形状、颜色等，这里选取位置、颜色、纹理 3 类特征向量用来估计相应特征带宽。像素点的位置特征(x, y)表示该像素的空间坐标。自然环境下拍摄的立木图像中往往具有相似颜色特征的物体，本书采用 HSI 颜色模型中 H（色调）、S（饱和度）、I（亮度）表示图像中绝大多数的颜色信息，其中 I 亮度分量可以有效减少光照对图像聚类的影响。仅依靠颜色、位置特征进行 Mean-Shift 聚类可能会使颜色相似的不同质样点（树木、草地、土壤等）收敛到特征空间相同的模态点。因此，在聚类过程中加入纹理特征来提高图像聚类稳健性。由于位置、颜色、纹理向量等 3 个维度有不同的物理意义和取值范围，在迭代过程中易造成数据溢出，故在进行后续实验时，需将所有特征

向量分别进行归一化处理。实验中图像像素可以用联合向量 $\boldsymbol{x}=(x^{\mathrm{s}},x^{\mathrm{r}},x^{\mathrm{t}})$表示。其中，$x^{\mathrm{s}}$表示像素的位置特征，$x^{\mathrm{r}}$表示颜色特征，$x^{\mathrm{t}}$表示纹理特征。

空间带宽 h_{s} 决定了像素点 x 的密度梯度估计是在多大的区域内进行，空间带宽不仅影响图像过分割或欠分割，还决定了迭代次数导致的计算速度。为了计算快速且准确分割，在选择空间位置带宽时，本章选用王晏等（2010）的方法。首先给定一个空域带宽的初始值 h_0，然后以步长 step 逐渐增大空域带宽，本章设 $h_0=8$，step=3，则 $h_i=h_{i-1}+\mathrm{step}$。当满足停止条件 $\sum_j \sigma_j < 0.7n_i(j=1,2,\cdots,n_i)$ 时，对应的带宽即为所求的空域带宽 h_{s}，即在空间带宽 h_i 内所有与被平滑点颜色相似的采样点数量，当该数量小于全部采样点 n_i 的 70%时，对应的 h_i 即为所求空域带宽 h_{s}。其中，采样点颜色与被平滑点颜色相似的条件为$|h_j-h_0|\leqslant 8$，h_j 为采样点颜色的 H 分量值，h_0 为被平滑点颜色的 H 分量值，σ_j 为符号函数，满足条件$|h_j-h_0|\leqslant 8$ 时，$\sigma_j=1$；反之，$\sigma_j=0$。最后假设图像大小为 $M\times N$，像素 $\boldsymbol{x}$ 的位置特征为（x,y），归一化之后可表示为

$$\begin{cases} X=\dfrac{x}{\max(M,N)} \\ Y=\dfrac{y}{\max(M,N)} \end{cases} \tag{6.4}$$

颜色带宽 h_{r} 也叫值域带宽，在对图像进行平滑时，值域带宽是一个很重要的参数，一般计算方法有全局最优固定值域带宽和自适应值域带宽，本章采用插入规则法（周家香等，2012）获得自适应颜色带宽，计算公式为

$$\begin{cases} h_{\mathrm{r}}=\left(\dfrac{4}{p+2}\right)^{1/(p+4)} m^{-1/(p+4)}\sigma_j \\ \sigma_j=\sqrt{\dfrac{1}{m-1}\sum\limits_{t=1}^{m}(\mu_t-\mu)^2} \end{cases} \tag{6.5}$$

式中，p 为特征空间的维数；m 为数据量；σ_j 为标准差；$\mu_t(t=1, 2,\cdots, m)$为图像各像素点的颜色指数值；μ 为 μ_t 的平均值。同样地，对带宽 h_{r} 使用均值标准化进行归一化处理。

本章采用灰度共生矩阵法来描述图像纹理特征 h_{t}，Haralick 等（1973）用灰度共生矩阵提取了 14 种特征。本章选用对比度（Con）、能量（ASM）、逆差矩（Hom）3 个常用的特征量进行纹理带宽估计，记纹理特征向量 $\boldsymbol{T}$=(Con, ASM, Hom)，参考刘天时等（2014）的方法估计纹理带宽 h_{t}。灰度共生矩阵定义图像 I 中，灰度为 i 和 j 的一对像素点，位置方向为 θ，距离为 l 的同时出现的概率为 $p(i,j,l,\theta)$、方向 θ 间隔为 45° 情况下的概率具体的表达式为

$$\begin{cases} p(i,j,l,0^\circ) = \#\{[(a,b),(m,n)] \mid a-m=0, |b-n|=l\} \\ p(i,j,l,45^\circ) = \#\{[(a,b),(m,n)] \mid a-m=l, b-n=-l\} \\ p(i,j,l,90^\circ) = \#\{[(a,b),(m,n)] \mid |a-m=l, b-n|=0\} \\ p(i,j,l,135^\circ) = \#\{[(a,b),(m,n)] \mid a-m=-l, b-n=-l\} \end{cases} \tag{6.6}$$

式中，#表示在该集合中的元素数目，$I(a,b)=i$，$I(m,n)=j$。

则 3 个特征量对应的计算公式如下。

（1）对比度，即

$$\mathrm{Con}_\theta = \sum_{i=1}^{L}\sum_{j=1}^{L}[(i-j)^2 p^2(i,j,l,\theta)] \tag{6.7}$$

（2）能量，即

$$\mathrm{ASM}_\theta = -\sum_{i=1}^{L}\sum_{j=1}^{L} p^2(i,j,l,\theta) \tag{6.8}$$

（3）逆差矩，即

$$\mathrm{Hom}_\theta = \sum_{i=1}^{L}\sum_{j=1}^{L}\frac{p(i,j,l,\theta)}{1+(i-j)^2} \tag{6.9}$$

式中，L 为纹理图像的灰度级。若对于立木图像 I 中某点(x,y)，其各个方向 θ 的特征向量为 $\boldsymbol{T}_\theta$，权值因子为 ω_t，则其纹理特征 $\boldsymbol{T}$ 的计算方法如下：

$$\begin{cases} \boldsymbol{T} = \sum_t \omega_t \boldsymbol{T}_\theta \\ \theta = 45^\circ t \\ \omega_t = \dfrac{1}{\sum_t \dfrac{1}{[d(2t-1)]^\alpha}} \dfrac{1}{d(2t-1)^\alpha} \quad t=0,1,2,\cdots \\ \sum_t \omega_t = 1 \end{cases} \tag{6.10}$$

归一化公式如下所示，结果作为纹理带宽 h_t，即

$$h_t = \frac{\left(\dfrac{\boldsymbol{T}-\boldsymbol{\mu}}{3\sigma}+1\right)}{2} \tag{6.11}$$

式中，$\boldsymbol{T}$ 为归一化前的纹理特征向量；$\boldsymbol{\mu}$ 为纹理特征向量均值；σ 为标准差。

6.3.2　核函数

设定多维带宽后，还需为 Mean-Shift 迭代过程选定合适的核函数，目前常用的核函数有高斯核函数、Sigmoid 核函数及复合核函数等，立木图像具有高斯分布特征，故这里采用高斯核函数。由于位置、颜色、纹理特征相互独立，故核函数定义为

$$K(x)=(2\pi)^{-d/2}\exp\left(-\frac{1}{2}\|x\|^2\right) \tag{6.12}$$

则多维特征自适应 Mean-Shift 平移向量为

$$\boldsymbol{m}_{h_s h_r h_t}(x)=\frac{\sum_{i=1}^{n} x_i \exp\left(-\frac{1}{2}\left\|\frac{\boldsymbol{x}^s-\boldsymbol{x}_i^s}{h_s}\right\|^2\right)\exp\left(-\frac{1}{2}\left\|\frac{\boldsymbol{x}^r-\boldsymbol{x}_i^r}{h_r}\right\|^2\right)\exp\left(-\frac{1}{2}\left\|\frac{\boldsymbol{x}^t-\boldsymbol{x}_i^t}{h_t}\right\|^2\right)}{\sum_{i=1}^{n} \exp\left(-\frac{1}{2}\left\|\frac{\boldsymbol{x}^s-\boldsymbol{x}_i^s}{h_s}\right\|^2\right)\exp\left(-\frac{1}{2}\left\|\frac{\boldsymbol{x}^r-\boldsymbol{x}_i^r}{h_r}\right\|^2\right)\exp\left(-\frac{1}{2}\left\|\frac{\boldsymbol{x}^t-\boldsymbol{x}_i^t}{h_t}\right\|^2\right)} \tag{6.13}$$

式中，$(\boldsymbol{x}_i^s,\boldsymbol{x}_i^r,\boldsymbol{x}_i^t)$分别为 x 邻近采样点的位置、颜色和纹理特征向量；(h_s,h_r,h_t)分别为位置、颜色和纹理带宽。通过控制核函数的 h_s、h_r、h_t 这 3 个带宽参数，可以控制核的大小，进而控制图像平滑的分辨率。

6.3.3　立木图像聚类分割实现

本章立木图像聚类并分割主要包含以下几步。

1）模态点搜索

首先，将位置向量与纹理向量合并为“空间-纹理”域，给定位置带宽 h_s，在灰度共生矩阵方法下得到最优空域带宽 h_s，执行 Mean-Shift 滤波，得到 m 个模态点，这样聚集到同一模态点的所有像素点组成一个聚类$\{Q_p\}(p=1,2,\cdots,m)$且 $m \ll n$（m 为初聚类区域数，n 为整个图像的像素数），从而得到初聚类图像。在渐近积分均方差方法下估计颜色带宽 h_r，再统计各聚类区的坐标距离、纹理距离、颜色距离来计算再聚类的带宽 h'_s、h'_r、h'_t，在“空间-纹理-颜色”域进行 Mean-Shift 聚类，得到终聚类$\{Q_l\}$（$l=1, 2, \cdots, L$, L 为再次聚类的区域数），结果如图 6.6（c）所示。

2）合并相似区域及兼并小区域

模态点搜寻即为图像分类平滑的过程，为凸显聚类结果，本章使用 FloodFill 泛洪填充方法表现聚类结果。区域内部所有像素具有统一的颜色和亮度，外部区域外的所有像素值表现出不同的特征。利用 FloodFill 将区域中的全部像素都设置为另一个新值，并通过特定规则实现区域连通，从而对相似区域进行填充。根据区域连通准则对区域进行合并：①当两相邻区域的空间距离小于 h_s 时，两区域合并；当两相邻区域的颜色距离小于 h_r 时，两区域合并；当两相邻区域的纹理距离小于 h_t 时，两区域合并；②设定区域内最小像素数为 M，当单区域的像素数小于 M 时，这一区域被合并到邻近区域，填充合并结果如图 6.6（d）所示。

3）图像过滤

依据 FloodFill 泛洪填充方法得到图像聚类图，通过颜色直方图获取感兴趣区域的颜色阈值，以此方法过滤掉背景区域，图像过滤得到的结果如图 6.6（e）所示。

4）数学形态学处理

将图像过滤图像作为输入图像，对其进行形态学的开、闭运算。开运算操作定义为先对立木图像进行腐蚀再进行膨胀操作，帮助去除细小枝叶噪声，分离散小噪声和平滑立木边缘。闭运算操作定义为先对立木图像进行膨胀操作再进行腐蚀操作，其作用是填充目标立木枝叶间的散小空洞及分散部分。最终提取出立木区域，分割结果如图 6.6（f）所示。

（a）原图　（b）抽象图像　（c）"空间-纹理-颜色"聚类图

（d）FloodFill 填充合并　（e）图像过滤　（f）本章分割结果

彩图 6.6

图 6.6　立木图像分割过程

6.4　实验与结果分析

为了验证图像分割效果，需要对算法进行实验验证，并对其效果进行分析与评价。

6.4.1　实验方法

为了验证本算法的有效性，本章从采集的图像中抽取 50 张不同特征的立木图像进行实验，选取时考虑图像中立木拍摄受光照的影响，故实验包括单株顺光、单株逆光、多株顺光、多株逆光及遮阴等图像，实验分为以下两部分。

（1）为验证图像抽象的有效性，对同组实验样本分别进行图像抽象和未图像抽象，再利用 Mean-Shift 算法进行图像聚类实验，从而验证图像抽象对立木图像聚类的影响，如实验 I 验证。

（2）为验证不同立木图像分割方法的有效性，本实验选用基于区域生长的立木分割算法（图像抽象和未图像抽象）、基于分水岭算法的立木分割方法（图像抽象和未图像抽象）与本章立木分割算法进行比较，验证多维自适应 Mean-Shift 算法对目标立木分割的有效性，如实验 II 验证。

6.4.2 结果与分析

实验 I：利用本章算法对实验图像进行处理，其中图 6.7（a）所示为原始立木图像；图 6.7（b）所示为未进行图像抽象直接利用自适应 Mean-Shift 算法对原始图像进行分割的结果；图 6.7（c）是基于图像抽象的自适应 Mean-Shift 算法聚类结果。通过观察可以发现，未进行图像抽象的聚类结果存在过多细小分类，导致图像过分割或欠分割，而利用图像抽象的聚类结果明显优于未抽象的效果，立木图像聚类更为完整；图 6.7（d）所示为本章方法的最终分割结果，与图 6.7（e）人为 PS 结果图相比，本章算法更好地保留了立木细小的边缘信息。

为定量评价所选样本图像在图像抽象前和图像抽象后两种情况下采用自适应 Mean-Shift 聚类分割的结果，本章采用表 6.1 中的评价指标，即分割误差 A_{f}、假阳性率 FPR 和假阴性 FNR，即

$$A_{\mathrm{f}} = \frac{|A_1 - A_2|}{A_1} \times 100\% \tag{6.14}$$

$$\mathrm{FPR} = \frac{|A_2 - (A_2 \cap A_1)|}{\bar{A}_1} \times 100\% \tag{6.15}$$

彩图 6.7

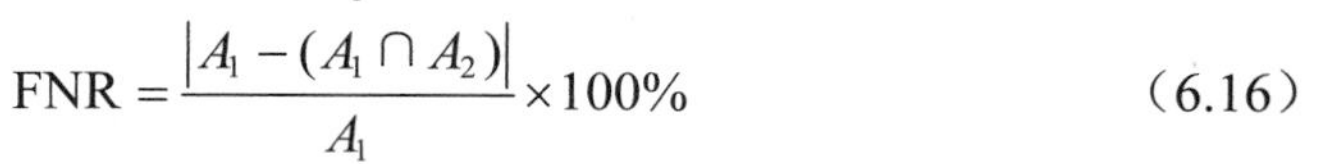

$$\mathrm{FNR} = \frac{|A_1 - (A_1 \cap A_2)|}{A_1} \times 100\% \tag{6.16}$$

式中，A_1 为目标的真实面积；A_2 为算法分割得到的面积，单位为像素。这 3 个指标的值越低，分割的结果越好，目标提取的精度越高。

（a）不同形状立木图像

图 6.7 自适应 Mean-Shift 聚类分割结果

（b）图像抽象前自适应 Mean-Shift 算法的聚类结果

（c）图像抽象后自适应 Mean-Shift 算法的聚类结果

（d）图像抽象后自适应 Mean-Shift 算法的分割结果

（e）人工分割结果

图 6.7（续）

为定量评价所选样本图像在图像抽象前和图像抽象后两种情况下采用自适应

Mean-Shift 聚类分割结果，本章采用表 6.1 中的评价指标。由表 6.1 可以看出，采用自适应 Mean-Shift 聚类算法直接分割得到的分割误差 A_f 的均值为 20.47%，而在图像抽象后，平滑背景，减小冠层间隙影响后进行分割得到的 A_f 的均值为 6.11%，比未图像抽象的分割误差 A_f 降低了 14.36%；直接分割得到的假阳性率 FPR 和假阴性率 FNR 指标均值为 8.67%和 26.54%，而图像抽象后分割的相应指标均值分别为 2.99%和 10.14%，与未图像抽象的分割结果相比，分别降低了 5.68%和 16.40%。上述结果表明，采用图像抽象后再分割，分割的精度有了较大程度的提高，说明该方法是有效的。

表 6.1　不同分割方法评价指标统计　　（单位：%）

序号	图像抽象后（未图像抽象）								
	基于自适应 Mean-Shift 分割法			基于区域生长分割法			基于分水岭算法分割法		
	A_f	FPR	FNR	A_f	FPR	FNR	A_f	FPR	FNR
1	6.53(29.43)	0.19(0.32)	17.31(30.73)	23.01(45.00)	1.98(2.03)	18.26(20.05)	20.03(22.20)	15.23(19.33)	30.56(31.14)
2	10.75(2.33)	0.43(6.09)	8.83(26.99)	30.15(35.85)	2.85(2.72)	30.12(28.79)	42.49(45.06)	10.49(13.75)	24.13(29.57)
3	6.12(18.20)	1.54(3.28)	9.50(27.14)	5.12(4.10)	5.23(6.12)	21.46(31.52)	19.27(20.12)	0.88(1.25)	18.59(20.65)
4	0.19(10.43)	0.03(7.53)	0.02(28.46)	40.23(51.12)	8.59(10.25)	40.23(58.16)	19.48(12.45)	1.49(2.08)	8.34(11.30)
5	3.62(44.10)	0.83(9.12)	19.32(30.50)	8.56(10.23)	3.98(4.84)	15.47(20.18)	11.89(12.64)	1.21(2.02)	12.28(14.58)
6	8.23(20.08)	1.41(1.54)	13.42(16.31)	15.46(21.58)	9.45(10.14)	6.54(8.97)	14.19(15.81)	0.19(1.01)	1.49(3.40)
7	18.45(33.21)	3.20(8.16)	14.15(30.25)	15.12(17.45)	10.29(14.59)	12.81(15.83)	21.41(23.10)	3.42(5.14)	30.34(28.85)
8	0.33(17.33)	2.65(1.49)	11.08(15.30)	9.87(12.70)	1.41(3.89)	29.34(35.08)	7.52(18.94)	2.43(3.80)	21.37(15.70)
9	5.74(15.12)	8.03(14.39)	0.12(26.48)	15.49(28.46)	7.49(8.82)	34.19(41.02)	14.17(15.68)	0.76(0.55)	2.24(3.09)
10	9.50(23.14)	0.11(25.33)	16.36(35.89)	29.46(32.01)	10.49(12.55)	11.49(23.68)	8.78(11.89)	0.13(0.04)	15.49(17.14)
11	3.58(55.56)	0.42(37.62)	12.50(36.48)	32.89(41.27)	10.07(15.64)	29.17(36.37)	16.44(18.07)	5.12(5.31)	15.04(11.11)
12	0.34(12.85)	0.89(1.08)	8.10(30.94)	9.23(17.26)	3.44(4.95)	8.17(10.11)	30.16(31.46)	2.19(3.15)	21.07(30.12)
13	11.32(2.11)	5.60(8.49)	8.52(31.01)	20.56(35.89)	12.23(18.27)	28.74(42.44)	9.48(11.09)	5.43(7.27)	29.29(32.18)
14	5.21(9.02)	15.23(0.04)	10.77(25.07)	20.38(29.07)	3.46(5.41)	29.48(38.45)	18.76(26.34)	2.14(4.26)	25.49(29.57)
15	1.67(14.08)	4.25(5.63)	2.10(10.28)	6.49(16.62)	5.37(6.48)	27.19(32.10)	30.45(50.10)	7.95(10.39)	18.38(22.48)
均值	6.11(20.47)	2.99 (8.67)	10.14 (26.54)	18.80 (26.57)	6.42 (8.45)	22.84(29.52)	18.97(22.33)	3.65(5.29)	18.27(20.06)

注：A_f、FPR、FNR 分别表示分割误差、假阳性率、假阴性率。

实验 II：为了验证基于多维特征自适应 Mean-Shift 立木分割算法的有效性，这里选用基于区域生长的立木分割算法、基于分水岭方法的立木图像分割算法与本章算法进行了比较。对立木图像抽象后，进行基于区域生长的立木分割结果如图 6.8（a）所示，基于分水岭算法的立木图像分割结果如图 6.8（b）所示。由图观察可知，基于区域生长算法存在过分割现象，且需指定种子点；基于分水岭算法优于区域生长算法，但部分样本存在较大的误分割；本章 Mean-Shift 算法可以根据颜色、位置、纹理等特征自适应参数，得到最佳区间值，分割效果较好。

（a）基于区域生长算法的立木图像分割结果

（b）基于分水岭算法的立木图像分割结果

图 6.8　不同分割方法的立木分割结果

彩图 6.8

本书列举的 3 种立木分割方法的分割结果定量评价如表 6.1 所示。基于区域生长算法的分割误差 A_{f}、假阳性率 FPR 和假阴性率 FNR 指标均值为 26.57%、8.45%和 29.52%，基于分水岭分割算法对应的 3 个指标均值为 18.26%、5.29%和 20.06%，本章提出的图像抽象后采用自适应 Mean-Shift 聚类分割算法对应的 3 个指标均降低 6.11%、2.99%和 10.14%。这说明本章分割算法较基于区域生长分割算法和基于分水岭分割算法有更为优良的分割效果。

6.5 本 章 小 结

立木图像分割是图像分析理解的前提工作，可以测量立木胸径、树高、冠幅等因子，对林业资源信息化具有重要意义。本章以立木图像分割为主题，研究出先进行立木图像抽象，再进行图像聚类的方法。利用本章的图像分割方法，以校园里的立木为样本做了大量实验，得到了相对精确的分割结果，为立木因子测量提供了图像支持。

第 7 章 单株立木胸径测量算法

从二维影像中恢复三维空间中物体的形状和真实尺寸是摄影测量学中的关键目标。可以将目标的实现过程分为两个部分：一部分是对应性问题；另一部分是给定对应形状和尺寸的计算方法问题。数字摄影测量在本质上可看作：在不同影像上测量的同名点（同名特征）——对应性问题。传统摄影测量都是由作业员的“双目”通过“双目望远镜系统”决定的，它没有称为摄影测量的研究内容。但进入数字摄影测量以后，“对应性”问题始终是摄影测量关注的焦点。影像与影像、影像与空间的解析关系，始终被视为摄影测量的基本任务。

本书第 4 章对自然环境下的待测立木图像进行了视觉显著性处理，并引入了 HSV 颜色空间模型中的色调 H 分量，通过色调 H 分量均衡化处理减小光照对树干轮廓分割的影响。本章在第 4 章的基础上，通过提取立木树干轮廓的树干高度方向和胸径方向的像素信息（指原图像的像素信息），并根据摄影测量学中的共线方程，结合相机内外参数进行单位像素三维世界尺寸重建，实现立木胸径的非接触测量，该方法能有效提升森林资源外业调查的作业精度和效率，同时可让非专业人士借助非专业装备来完成立木胸径的测量。

7.1 单位像素三维世界坐标系尺寸重建

通过第 3 章单目相机标定方法可实现智能手机相机的标定并获取相机的内外参数，内参数（$1/d_x, 1/d_y, u_0, v_0, f$）表征了相机的内部结构参数，外参数是相机的旋转矩阵 $\boldsymbol{R}$ 和平移矩阵 $\boldsymbol{T}$。根据摄影测量学中的共线方程以及相机内外参数进行三维重建。

7.1.1 单位像素三维尺寸重建算法

经过相机标定，从标定图像中计算图像上两像素点之间在三维世界坐标系下的真实物理距离。其算法过程为：首先根据智能手机设备的相机成像传感器尺寸 L_{CCD} 推出每个像素的物理尺寸 L_{pixels}；由第 3 章中获取的经畸变矫正后的手机相机参数，计算摄像机焦距 f_{c} 的物理尺寸 $L_{f_{\mathrm{c}}}$；然后计算像素平面上，待测目标物两点之间 $\mathrm{Sum}_{\mathrm{pixels}}$ 的距离 Distance；最后可根据二维图像信息计算对应三维世界中两像素点之间的真实物理距离 $L_{\mathrm{3D\text{-}real}}$。三维世界坐标系重建算法的技术路线如图 7.1 所示。

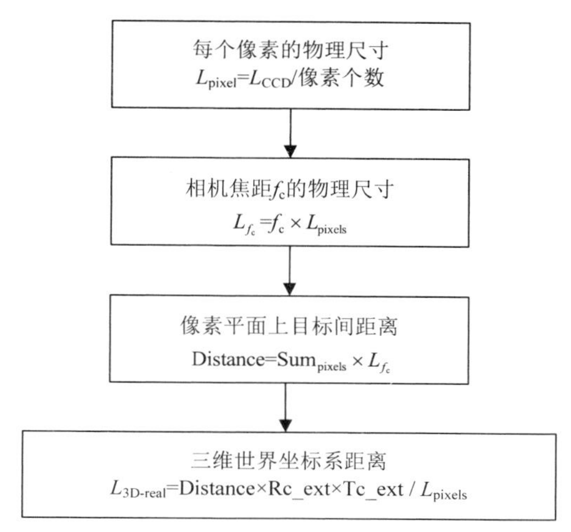

图 7.1　三维世界坐标系重建算法的技术路线

详细算法过程如下。

（1）由传感器尺寸 L_{CCD} 可以推出每个像素的物理尺寸为 $L_{pixels}=L_{CCD}/pixels$。

（2）摄像机焦距 f_c 的物理尺寸等于 $L_{f_c}=f_c \times L_{pixels}$。

（3）像素平面上，两点之间的距离为 $Distance = sqrt[(u_1-u_2)^2 + (v_1-v_2)] \times L_{f_c}$。

因此，图像中单位像素对应三维世界中的真实物理尺寸为 $L_{3D\text{-}real} = Distance \times Rc\_ext \times Tc\_ext/L_{pixels}$。

经上述算法可实现在一定距离内的单位像素对应三维世界坐标系的物理尺寸计算。

7.1.2　单位像素三维世界坐标系物理尺寸重建

实验一：根据在林业测量中使用近景摄影测量法和三角测量法时常规的测量距离范围，选择在 500～1000cm 距离下进行实验，每隔 50cm 进行相机标定，采用标定模板为棋盘格标定板（6×8 阵列，60mm×60mm 方格），记录相机标定过程中的各参数及平均像素误差。实验数据如表 7.1 所示。

表 7.1　50～1000cm 距离下的相机标定参数

实验组	距离/cm	标定板尺寸/mm	水平方向边缘角点间像素/像素	平均像素误差/像素
1	50	60×6=360	2418.419	1.8359
2	100	60×6=360	1202.050	1.2541
3	150	60×6=360	805.0155	0.8504
4	200	60×6=360	610.0033	0.5940
5	250	60×6=360	490.0041	0.6280
6	300	60×6=360	409.0110	0.5885
7	350	60×6=360	340.0721	0.4436

续表

实验组	距离/cm	标定板尺寸/mm	水平方向边缘角点间像素/像素	平均像素误差/像素
8	400	60×6=360	308.0000	0.4538
9	450	60×6=360	269.0000	0.3921
10	500	60×6=360	245.2937	0.4197
11	550	60×6=360	221.0566	0.4325
12	600	60×6=360	208.0385	0.5065
13	650	60×6=360	187.0668	0.3432
14	700	60×6=360	177.0113	0.3610
15	750	60×6=360	153.0294	0.4597
16	800	60×6=360	145.0138	0.3766
17	850	60×6=360	137.0328	0.4257
18	900	60×6=360	129.0155	0.2706
19	950	60×6=360	123.0041	0.3468
20	1000	60×6=360	122.0000	0.3179

由表 7.1 可知，当距离小于 100cm 时，相机标定过程中，角点提取时的平均像素误差较大。当距离在 50～400cm 范围内时，两角点间的像素值随距离变化而产生的变化幅度较大。当距离大于 400cm 时，两角点间的像素值随距离变化而产生的变化幅度逐渐趋于平缓。

实验二：在实验一的基础上，进行单位像素三维世界坐标系的物理尺寸重建。在 500～1000cm 距离下，每隔 50cm 进行相机标定，采用标定模板为棋盘格标定板（6×8 阵列，60mm×60mm 方格），并完成相应单位像素对应三维世界坐标系的物理尺寸重建，记录相机标定过程中的各参数及单位像素对应的物理尺寸。实验数据如表 7.2 所示。

表 7.2　50～1000cm 距离下的单位像素三维重建参数

实验组	距离/cm	标定板尺寸/mm	平均像素误差/像素	单位像素三维世界坐标系物理尺寸/mm
0	50	60×6=360	1.8359	0.1116
1	100	60×6=360	1.2541	0.2246
2	150	60×6=360	0.8504	0.3354
3	200	60×6=360	0.5940	0.4426
4	250	60×6=360	0.6280	0.5510
5	300	60×6=360	0.5885	0.6601
6	350	60×6=360	0.4436	0.7939
7	400	60×6=360	0.4538	0.8766
8	450	60×6=360	0.3921	1.0037
9	500	60×6=360	0.4197	1.1007
10	550	60×6=360	0.4325	1.2214
11	600	60×6=360	0.5065	1.2978

续表

实验组	距离/cm	标定板尺寸/mm	平均像素误差/像素	单位像素三维世界坐标系物理尺寸/mm
12	650	60×6=360	0.3432	1.4433
13	700	60×6=360	0.3610	1.5253
14	750	60×6=360	0.4597	1.7644
15	800	60×6=360	0.3766	1.8619
16	850	60×6=360	0.4257	1.9703
17	900	60×6=360	0.2706	2.0928
18	950	60×6=360	0.3468	2.1950
19	1000	60×6=360	0.3179	2.2131

由表 7.2 可知，当距离小于 400cm 时，单位像素对应三维世界坐标系的物理尺寸小于 1.0037mm。当距离大于 400cm 时，单位像素对应三维世界坐标系的物理尺寸将随距离的增加而不断变大。

7.2　树干高度检测

在完成立木轮廓检测后，通过提取立木轮廓的最小外接矩形（Cobb et al., 2000; Cheng et al., 2008）获得图像中立木树干高度的属性，得到图像中树干高度方向的像素值 $Height_{pixels}$，并在第 2 章的基础上进行树干高度计算。

7.2.1　最小外接矩形提取及优化

最小外接矩形（minimum bounding rectangle，MBR）是指以二维图像坐标系为坐标表示的二维形状的最大范围，即二维形状的各边界顶点临界边的矩形。最小外接矩形可分为两类：第一类为最小面积外接矩形（minimum area bounding rectangle）；第二类为最小周长外接矩形（minimum perimeter bounding rectangle）。常规图像中物体的最小外接矩形计算方法通常有以下两种：①直接计算方法，通过分析二维图像的坐标分布情况，计算坐标的最大值和最小值得到最小外接矩形，但是直接计算方法并不能准确描述方向和形态不规则目标物体的区域分布，导致计算所得外接矩形大于最小外接矩形；②等间隔旋转搜索方法，通过将目标二维图像进行等间隔旋转至 90°区域，每次旋转过程记录轮廓在坐标系上的外接矩形参数，并将最后所有参数进行比对，得到准确的最小外接矩形。

由于目标立木在图像中存在形状不规则和位置、方向自由等特点，难以准确定位立木位置及提取立木的边缘轮廓。根据自然环境下的立木特点，本书介绍一种基于最小外接矩形直接计算方法进行优化，设计以下最小外接矩形提取算法。

（1）按照最小外接矩形直接计算方法计算该立木树干轮廓区域的外接矩形，并记录外接矩形长度、宽度及面积参数，获取最小外接矩形 minRect，并得到其面积值赋值给变量 minArea，设置该状态下的角度 α=0°。

（2）以轮廓区域中心为中心点旋转一个角度 θ，按照步骤（1）求取旋转后的最小外接矩形 RectTmp，获得其面积赋值给 AreaTmp。

（3）设置旋转角 $\alpha=\alpha+\theta$，比较 AreaTmp 与 minArea 的大小，并将面积小的值赋给 minArea，将此状态下的旋转角度赋值给 $\beta=\alpha$，矩形信息赋给 minRect= RectTmp。

（4）循环执行步骤（2）和（3），最终获得最小外接矩形 minArea 以及与之相对应的旋转角度 α。

（5）将计算出的矩形 minRect 反旋转 β 角度，获得最小外接矩形。提取效果如图 7.2 所示。

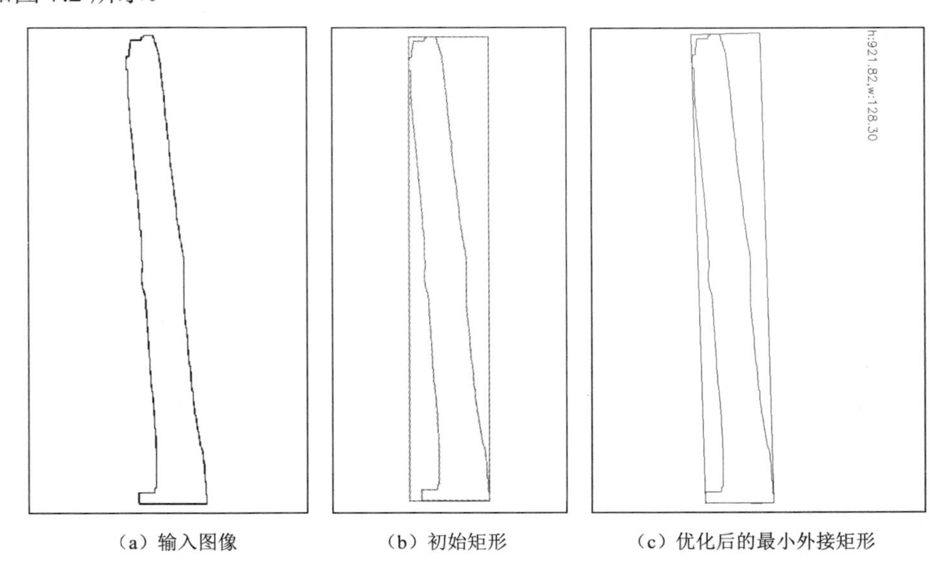

（a）输入图像　　（b）初始矩形　　（c）优化后的最小外接矩形

图 7.2　立木树干轮廓最小外接矩形

7.2.2　树干高度计算

在获取立木的最小外接矩形后，单独提取最小外接矩形为新图像。将矩形底边定义为树干底部，将矩形中的树高方向定义为树干高度方向，通过获取矩形长边边长在原图像（指未经下采样处理的图像）上的像素值 $\mathrm{Height}_{\mathrm{pixel}}$ 进行树干高度计算，树干高度计算公式为 $\mathrm{Height} = \mathrm{Height}_{\mathrm{pixel}} \times L_{\mathrm{3D\text{-}real}}$。

7.3　胸径测量算法

胸径测量算法主要包括胸径测量高度定位、胸径处信息获取与分析、胸径计算等。

7.3.1　胸径测量高度定位

在获取最小外接矩形后，提取底边上树干轮廓两边界在原图像上（指未经下采样处理的图像）的像素点（P_{BL}，bottom point of left, P_{BR}, bottom point of right）信息 P_{BL}（u_{bl},v_{bl}）和 P_{BR}（u_{br},v_{br}），并获取 P_{BL} 和 P_{BR} 的中点位置的像素点（P_{BM}, bottom point of middle）P_{BM}（u_{bm},v_{bm}），其中 $u_{bm}=(u_{bl}+u_{br})/2$, $v_{bm}=(v_{bl}+v_{br})/2$。由单位像素物理尺寸信息和树干高度方向的像素参数信息，定位树干高 1.3m 位置，1.3m 高度所占树高方向像素值：$\text{Pixels}_{1.3m}=1300\text{mm}/L_{3D\text{-}real}$。

7.3.2　胸径像素获取

在获取 1.3m 高度所占树高方向像素值 $\text{Pixels}_{1.3m}$ 后，以 P_{BM}(u_{bm},v_{bm})为起点，以 P_{BM} 的 v_{bm} 方向为树高方向进行胸径 1.3m 位置处定位 P'_{BM}(u_{bm},$v_{bm}+\text{Pixels}_{1.3m}$)，从而获取树干高度为 1.3m 位置处的胸径像素参数 DBH_{pixels}。

7.3.3　胸径计算

在获取立木树干轮廓之后，即可获得胸径处所占像素信息 DBH_{pixels}，而计算立木胸径时可将树干近似看成规则圆柱体，胸径 DBH 的测量算法如下。

树干高度 $\text{Height} = \text{Height}_{pixels} \times L_{3D\text{-}real}$。立木胸径测量处定位和测量结果，如图 7.3 所示。其中，单位像素物理尺寸信息 $L_{3D\text{-}real}$ 由 7.1 节三维重建后测得。

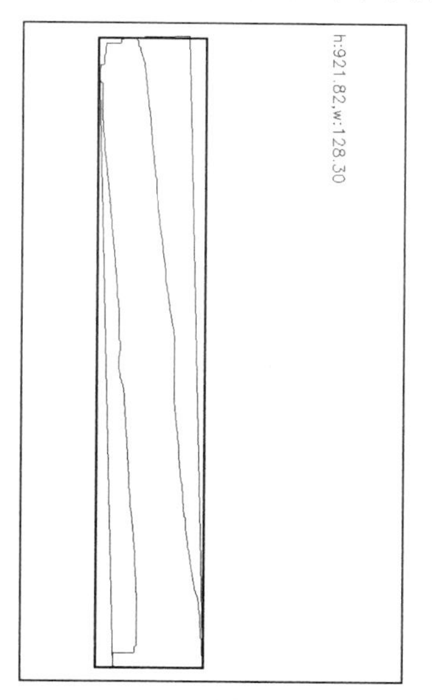

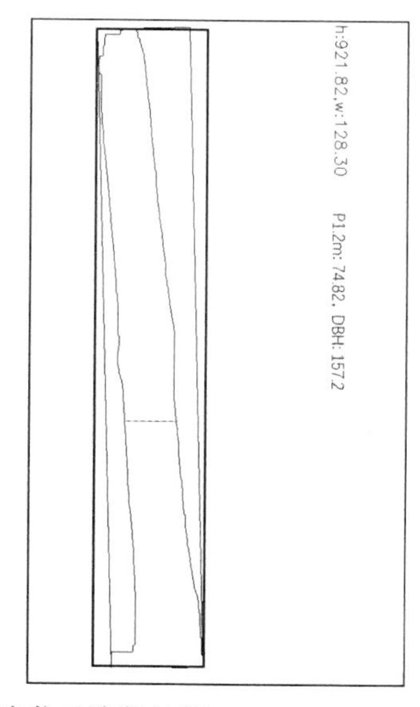

图 7.3　胸径位置定位及胸径计算

由树干高度及单位像素物理尺寸 $L_{3D\text{-}real}$ 可计算 1.3m 高度的像素信息 $P_{1.3m}$ 为 $P_{1.3m}=1.3\times1000/L_{3D\text{-}real}$。

截取 $P_{1.3m}$ 处胸径方向像素值 DBH_{pixels}，则胸径为 $DBH = DBH_{pixels} \times L_{3D\text{-}real}$。

7.4　实验验证与分析

实验验证主要包括单位像素三维世界坐标系物理尺寸重建验证、树干高度测量精度对比及胸径测量精度对比等。

7.4.1　单位像素三维世界坐标系物理尺寸重建验证

为了验证单位像素的三维世界坐标系尺寸重建的准确性，根据相机标定精度评估方法（全厚德等，2006），进行标定实验来验证可行性，并通过视觉重建进行精度验证。

实验三：在获取 50～1000cm 距离下单位像素的三维世界坐标系物理尺寸信息后，通过提取该距离下标定板上的角点信息，并根据单位像素对应的物理尺寸，计算水平方向上同一行角点两边边缘的角点间物理距离，进行精度验证实验，实验数据如表 7.3 所示。

表 7.3　精度验证实验参数

实验组	距离/cm	实际尺寸/mm	测量尺寸/mm	相对误差/%
1	50	60×6=360	354.46	1.54
2	100	60×6=360	355.67	1.20
3	150	60×6=360	353.72	1.74
4	200	60×6=360	352.21	2.16
5	250	60×6=360	351.57	2.34
6	300	60×6=360	353.76	1.73
7	350	60×6=360	349.89	2.80
8	400	60×6=360	348.19	3.28
9	450	60×6=360	347.61	3.44
10	500	60×6=360	346.89	3.64
11	550	60×6=360	345.21	4.11
12	600	60×6=360	344.77	4.23
13	650	60×6=360	344.13	4.41
14	700	60×6=360	343.27	4.65
15	750	60×6=360	343.73	4.52
16	800	60×6=360	342.64	4.82
17	850	60×6=360	339.71	5.64
18	900	60×6=360	339.13	5.80
19	950	60×6=360	338.21	6.05
20	1000	60×6=360	337.69	6.19

由表 7.3 可知，在 50～350cm 的范围内，经过单位像素对应三维世界坐标系物理尺寸的重建精度较高，且相对误差小于 3%。若距离大于 8.0m 时，测量相对误差大于 5%，此时的测量精度将无法满足立木胸径的测量精度要求。由于受智能手机相机镜头及传感器等硬件设备及标定模板尺寸的影响，在 100～300cm 距离内进行单位像素对应三维世界坐标系物理尺寸重建精度相对较高。同时结合森林资源调查的环境特点与常见近景摄影测量及光学测量方法的最佳测量距离，分别在 100～300cm 距离内进行相机标定，并计算该距离的单位像素三维世界坐标系的物理尺寸，验证该距离三维重建方法的精度。

实验四：在 100～300cm 距离内，采用棋盘格标定板（9×9 阵列，30mm×30mm 方格），为提高标定精度，每隔 10cm 采集 20 幅模板图像进行相机标定。同时，提取该距离内标定板的角点坐标，并计算标定板两边界之间的像素值。实验结果如表 7.4 所示。

表 7.4　100～300cm 距离内的单位像素三维重建参数

实验组	距离/cm	水平方向边缘角点间像素/像素	重建尺寸/mm	相对误差/%
1	100	941.1360	0.283473	1.19
2	110	844.0717	0.315752	1.29
3	120	776.0232	0.343161	1.37
4	130	728.0062	0.365350	1.49
5	140	670.0067	0.396493	1.61
6	150	622.0129	0.426609	1.72
7	160	582.0034	0.455425	1.83
8	170	544.0331	0.487112	1.85
9	180	512.0352	0.516920	1.97
10	190	489.0041	0.541045	2.01
11	200	462.0097	0.571722	2.17
12	210	444.0180	0.594462	2.24
13	220	423.0295	0.623893	2.25
14	230	403.0199	0.654600	2.29
15	240	387.0052	0.681409	2.33
16	250	370.0000	0.712581	2.35
17	260	355.0014	0.742535	2.37
18	270	345.0014	0.764136	2.36
19	280	333.0015	0.791429	2.39
20	290	321.0016	0.820762	2.42
21	300	309.0016	0.852374	2.45

由表 7.4 可知，在一定距离内，通过相机标定和单位像素对应三维世界坐标系物理尺寸重建，进行物体尺寸测量的方法可行性较高。由实验一、实验二和实

验三的实验结果可知，该测量方法在 100～500cm 距离范围内，单位像素重建的精度较高，测量相对误差在 5%以内。在 100～300cm 距离范围内，该方法进行测量时产生的相对误差可控制在 2.5%内。

7.4.2 树干高度测量精度对比

在立木树干高度测量实验中，选取 12 株立木作为实验对象，对其进行编号，并使用皮尺对 12 株立木进行树干高度测量(测量图像中获取的树干高度部分的高度)，通过测量图片中的立木树高以验证 1.3m 处胸径高度的测量精度。然后，使用经校准的实验手机对 12 株立木进行测量。树干高度测量结果如表 7.5 所示。

表 7.5　树干高度测量数据

样本号	树干高度真值/m	树干高度测量值/m	绝对误差/m	平均绝对误差/m	相对误差/%	平均相对误差/%
1	2.70	2.61	−0.09	0.11	3.33	3.89
		2.82	+0.12		4.44	
2	2.80	2.66	−0.14	0.14	5.00	4.82
		2.67	−0.13		4.64	
3	3.60	3.55	−0.05	0.07	1.39	3.95
		3.69	+0.09		2.56	
4	3.90	4.01	+0.11	0.10	2.82	2.57
		3.99	+0.09		2.31	
5	4.20	4.33	+0.13	0.16	3.10	3.81
		4.01	−0.19		4.52	
6	4.40	4.19	−0.21	0.18	4.77	3.98
		4.26	−0.14		3.18	
7	4.40	4.61	+0.21	0.21	4.77	4.65
		4.60	+0.20		4.55	
8	4.90	5.13	+0.23	0.18	4.69	3.78
		5.04	+0.14		2.86	
9	5.20	5.34	+0.14	0.12	2.69	2.21
		5.11	−0.09		1.73	
10	5.50	5.38	−0.12	0.16	2.18	2.91
		5.30	−0.20		3.64	
11	5.80	5.69	−0.11	0.13	1.90	2.25
		5.65	−0.15		2.59	
12	6.10	6.31	+0.21	0.23	3.44	3.77
		6.35	+0.25		4.10	

由表 7.5 可知，树干高度测量实验结果的相对误差可控制在 5.00%以内，平

均相对误差为 3.55%。

7.4.3　胸径测量精度对比

在立木胸径测量实验中，选取 10 株立木作为实验对象，编号后用胸径尺测量每株立木 1.3m 高度处的胸径作为真实胸径值。然后，用实验设备对每个样本在 1～3m 内进行多次测量，计算绝对误差和相对误差，测量记录数据如表 7.6 所示。

表 7.6　胸径测量数据

样本号	测量的胸径值/mm	胸径真值/mm	绝对误差/mm	平均绝对误差/mm	相对误差/%	平均相对误差/%
1	160.7	163.0	−2.3	0.2	1.41	1.23
	161.2		−1.8		1.10	
	161.1		−1.9		1.17	
2	145.9	148.0	−2.1	0.27	1.42	1.42
	145.5		−2.5		1.69	
	146.3		−1.7		1.15	
3	119.8	122.0	−2.2	0.40	1.80	1.72
	120.5		−1.5		1.23	
	119.4		−2.6		2.13	
4	149.4	152.0	−2.6	0.29	1.71	1.67
	149.1		−2.9		1.91	
	149.9		−2.1		1.38	
5	182.0	188.0	−6.0	1.02	3.19	2.37
	184.5		−3.5		1.86	
	184.1		−3.9		2.07	
6	127.8	132.0	−4.2	0.96	3.18	2.10
	129.9		−2.1		1.59	
	130.0		−2.0		1.52	
7	137.5	139.0	−1.5	0.44	1.08	1.17
	146.7		−2.3		1.65	
	137.9		−1.1		0.79	
8	200.3	203.0	−2.7	0.13	1.33	1.23
	200.7		−2.3		1.13	
	200.5		−2.5		1.23	
9	202.3	204.0	−1.7	0.62	0.83	1.29
	200.8		−3.2		1.57	
	201.0		−3.0		1.47	
10	225.9	228.0	−2.1	0.38	0.92	0.77
	226.5		−1.5		0.26	
	225.4		−2.6		1.14	

由实测的胸径数据可知，在 1～3m 内进行实验测量，10 个样本胸径的测量结果的相对误差均在 3.20%以内，平均相对误差为 1.50%，符合森林资源工作中对胸径测量数据精度的要求。

7.5 本章小结

立木胸径的测量为森林资源调查管理、立木因子预测模型的建立提供支持，对于计算森林蓄积量、生物量等数据、构建碳循环模型具有重要意义。本章结合相机标定技术、计算机视觉技术，对单位像素三维尺寸进行重建并计算树干高度、胸径，该方法的提出为实现便捷的林业智能测量，提升森林资源外业调查的作业精度和效率提供帮助。与现有的基于 Android 平台的测树软件相比，该方法的优势主要体现在：结合相机标定技术，消除了相机镜头存在的畸变，减少了系统误差；根据相机成像原理和小孔成像模型，计算出在一定距离下单位像素对应在三维世界坐标系中的物理尺寸。通过实验分析可知，通过三维尺寸重建的方法计算图像目标物对应三维世界坐标系的实际尺寸，在移动端的图像测量和计算机视觉测量等领域有良好的应用前景；结合计算机视觉技术，将图像处理技术应用于林业资源调查工作，在实现树干和胸径快速测量的同时，获取并保存了立木图像信息；相比现有的三角函数方法，该方法测量效率和精度更高；相比现有的通过比例模型测量胸径的方法，使用图像增强、感兴趣区域检测及相机标定和三维重建等技术手段，使算法鲁棒性和测量精度更高。

第 8 章　单目视觉系统被动测距方法

基于图像的目标物测距主要分为主动测距和被动测距两种方法（贺若飞等，2017）。计算机视觉技术进行目标物测距是被动测距的主流方法之一，具有图像信息丰富、设备操作简单、成本低等优点。计算机视觉测量主要分为单目视觉测量、双目视觉测量两类（李可宏等，2014；王浩等，2014；Sun et al.，2012）。早期的深度信息提取方法主要是双目立体视觉和相机运动信息，需要多幅图像完成图像深度信息的提取（Ikeuchi，1987；Shao et al.,1988；Matthies et al.,1989；Mathies et al.,1988; Mori et al.,1990；Inoue et al.,1992；胡天翔等，2010）。与双目视觉测量相比，单目测量图像采集不需要严格的硬件条件。本章提出一种普适性较高的基于智能手机的单目视觉系统深度提取和被动测距方法。此方法通过研究目标物实际成像角度与图像纵坐标像素的关系，结合单目相机成像系统原理，建立深度提取模型，利用该模型计算目标点深度值；进而求算目标物到相机光轴的垂直距离，最终实现目标物距离的被动测算。研究对于无人驾驶系统中车辆主动避障、路径规划、无人清扫车远程监控及林业资源调查中立木因子的自动测量等具有重要意义。

8.1　单目视觉系统被动测距

在单目视觉目标物距离测量系统中，首先基于地面平整且没有坡度的假设，通过智能手机的相机进行图像信息采集。为计算水平地面上任意点到相机在地面投影点之间的距离，首先通过实验证明，当像点横坐标像素值相等时，物体成像角度与其纵坐标像素值之间呈线性相关关系；然后结合像点在不同坐标系之间的转换关系，选取特殊共轭点的成像角度和纵坐标像素值代入映射函数，建立适用于不同型号相机的深度提取模型，从而计算水平地面上目标物的深度；根据相机成像系统原理，可以计算目标物到光轴的垂直距离，最终实现图像上任意点到相机距离的被动测算。

通过智能手机相机进行图像信息采集，其投影几何模型如图 8.1 所示。其中，f 为相机焦距，θ 为相机垂直视场角的一半，h 为相机拍照高度。相机沿相机坐标系 X_c 轴的旋转角 β（由于通过手机相机采集图片时一般是在物体正前方，智能手机绕相机坐标系 Y_c 轴、Z_c 轴的旋转角度较小，可以忽略。因此，以下称旋转角 β 为相机旋转角度），相机顺时针方向旋转 β 值为正，逆时针方向为负。β 值可通过相机内部重力传感器获取，α 为目标物实际成像角度。

首先对物体成像角度和纵坐标像素值进行线性相关分析，证明当像点横坐标像素值相同时，物体纵坐标像素值与实际成像角度呈线性相关关系，且当拍摄相

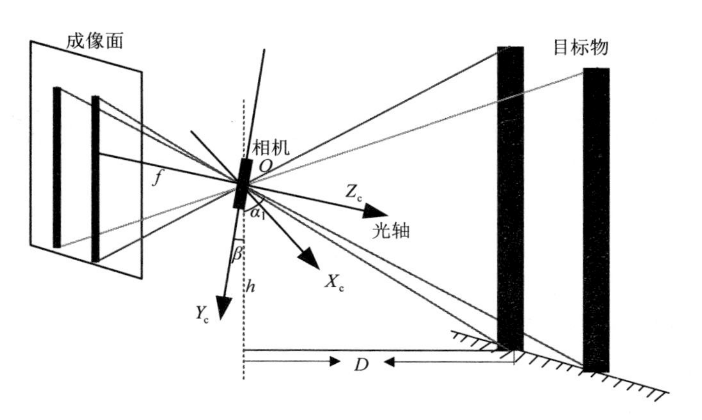

图 8.1　相机拍摄投影几何模型

机与竖直方向存在一定夹角时，目标物成像角度 α 与纵坐标像素值 v 之间的映射关系随旋转角 β 的变化而改变。因此，建立含目标物成像角度 α、纵坐标像素值 v 和相机旋转角 β 这 3 个参数空间关系模型，即 $\alpha = F(v, \beta)$，从而通过目标物在像平面中的纵坐标像素值和相机旋转角求解目标物成像角度，因此任意点深度值 D 为

$$D = h \tan \alpha \tag{8.1}$$

图 8.2 所示为针孔模型中各坐标系之间的关系示意图，为计算任意点到相机在

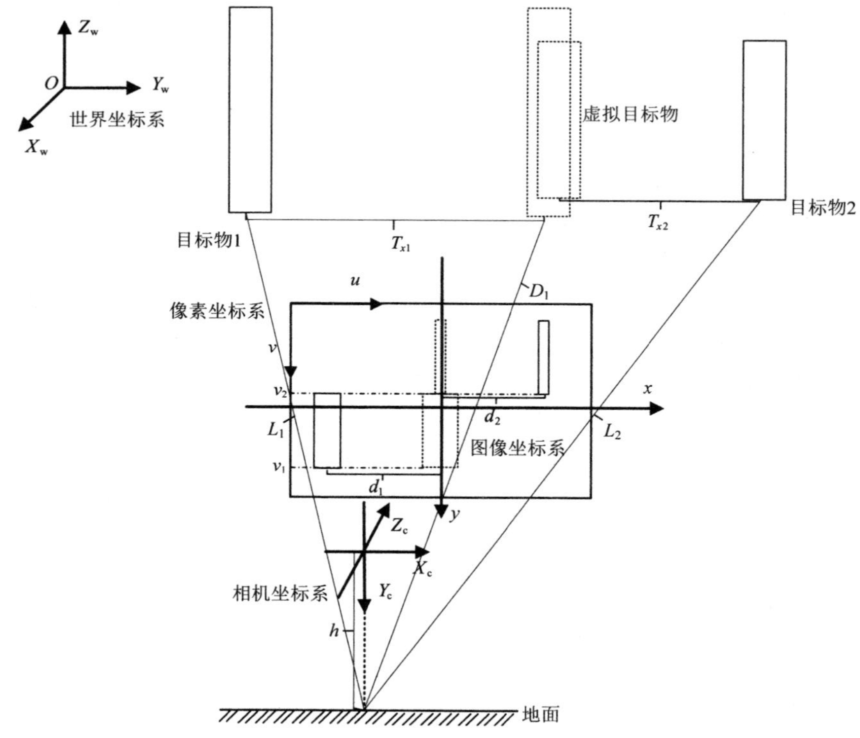

图 8.2　针孔模型中各坐标系之间的关系示意图

地面的投影点之间的距离，在已经求出的深度的基础上，只需计算目标点到光轴方向的垂直距离（即图中目标物与其在光轴上的虚拟物之间的距离 T_x）。根据相机成像系统中相似三角形原理，T_x 可表示为

$$T_x = \frac{dD}{f} \tag{8.2}$$

式中，相机焦距 f、目标物与其在光轴上的虚拟物在图像坐标系中的物理距离 d（目标物与其对应虚拟物之间的水平视差），可以通过图像处理和相机标定的方法获取。因此，可计算图像中任意目标物到相机在地面投影点的距离 L，即

$$L = \sqrt{{T_x}^2 + D^2} \tag{8.3}$$

8.2　标靶设计与角点检测

为了获取更加精确的角点数据，分析和验证像点实际成像角度与纵坐标像素值之间的线性关系，本章选取特定规格的黑白格标靶作为实验材料，并采用鲁棒性较高的角点提取方法提取标靶的亚像素级角点。

8.2.1　标靶设计

相机拍摄水平地面时会存在透视变换现象，这使得传统棋盘格标靶中距离相机较远的角点检测难度大、精度低。因此，本小节在传统方格型棋盘格标定板（Scaramuzza et al., 2006）的基础上针对以上问题设计了一种新型标靶。

该标靶的设计原理是通过提取长宽相等的棋盘格角点，分析由于透视转换造成的较远距离像素的实际物理距离的递减规律，计算当角点间纵坐标像素差值大致相等时各方格的实际长度，从而可以提高远距离角点提取的准确度。为计算相邻方格长度的差值，设计了 6 组实验，提取方格大小为 45mm×45mm 的传统棋盘格角点值，并算出相邻角点间单位像素在世界坐标系下代表的实际物理距离，为保证角点间纵坐标像素差值大致相等，各方格长度 y_i 的值如表 8.1 所示。设 x_i 为第 i 行角点到相机的实际距离，相邻方格长度的差值 Δd_i 为

$$\Delta d_i = y_{i+1} - y_i = \frac{y_{i+1} - y_i}{x_{i+1} - x_i} \Delta x_i \tag{8.4}$$

设各方格计算长度与实际距离之间的关系为 $f(x)$，根据式（8.4）可得

$$\Delta d = \Delta x f'(x) \tag{8.5}$$

表 8.1　各方格的计算长度　　（单位：mm）

编号	I_1	I_2	I_3	I_4	I_5	I_6
y_1	45.00	45.00	45.00	45.00	45.00	45.00
y_2	50.35	51.05	51.59	49.78	48.74	47.91

续表

编号	I_1	I_2	I_3	I_4	I_5	I_6
y_3	56.40	55.36	64.33	60.08	61.59	60.99
y_4	66.34	72.48	61.24	65.99	69.91	73.62
y_5	70.03	65.47	81.26	67.28	82.31	77.22
y_6	94.91	78.90	90.26	83.54	81.74	99.12
y_7	79.09	99.68	97.33	100.45	104.27	103.76
y_8	114.10	107.99	106.91	100.23	127.06	109.91
y_9	122.64	119.63	116.49	120.33	124.32	118.93
y_{10}	117.24	137.79	129.57	130.12	136.04	110.40
y_{11}	137.94	119.36	123.13	139.19	123.29	137.63
y_{12}	153.43	154.18	155.12	162.88	151.05	152.64
y_{13}	147.57	157.29	194.69	150.60	163.18	183.68
y_{14}	154.58	171.54	181.73	172.29	162.24	195.40
y_{15}	172.33	192.72	189.07	192.20	190.60	192.52
y_{16}	226.15	207.61	193.33	212.60	219.43	207.77
y_{17}	239.35	194.01	218.59	193.19	225.88	199.82
y_{18}	231.79	237.05	215.06	230.12	236.40	210.73
y_{19}	255.18	255.28	239.22	245.36	246.67	258.52
y_{20}	276.53	225.38	251.38	269.27	283.88	278.13
y_{21}	264.24	242.15	276.81	278.70	294.44	282.98
y_{22}	252.99	269.33	297.21	312.88	316.30	287.61

经 Pearson 相关性分析，y_i 与 x_i 之间呈极显著线性相关关系（$p<0.01$），相关系数 r 等于 0.975。通过最小二乘法可以求出 $f(x)$的导数 $f'(x)=0.262$。

图 8.3　新型标靶

因此，当第一排方格大小为 45mm×45mm 时，随后每排宽度固定，长度增加值 Δd 为 0.262mm×45mm，新型标靶如图 8.3 所示，这种标靶合理地规避了透视变换对实验精度造成的影响，经验证该标靶有利于提高角点提取的精度，可以帮助研究像点纵坐标像素值与实际成像角度之间的关系，且对后文模型的验证具有一定的优越性。

8.2.2　角点检测算法

通过手机相机进行拍摄时，透视现象使 Harris（1988）和 Shi-Tomasi（1994）等常见的角点检测算法鲁棒性较差。因此，本小节对 Andreas Geiger（2012）等提出的基于模板和梯度生长的棋盘格角点检测方法进行优化，并实现亚像素级角点位置检测，该算法不需要提前指定棋盘格数目且算法鲁棒性高，对畸变程度较大的图片提取效果较好。该算法首先对棋盘格进行初始角点检测，定义两种不同的角点模板，一种用于和坐标轴平行的角点，另一种用于旋转 45° 的角点，根据图像中各像素点与模板的相似度参数在图像上寻找角点，进行初始角点检测；由于初始角点检测是像素级的，精度较低，因此需要进一步对角点的位置和方向进行亚像素级精细提取，运用 OpenCV 中的 cornerSubPix()函数进行亚像素级角点定位，通过最小化梯度图像正态偏差的误差寻找最小特征值的特征向量，进而实现方向精细化；最后是标记角点并输出其亚像素级坐标，根据能量函数（energy function）生长并重建棋盘格，标记角点，输出亚像素级角点坐标。角点检测算法的技术路线如图 8.4 所示。

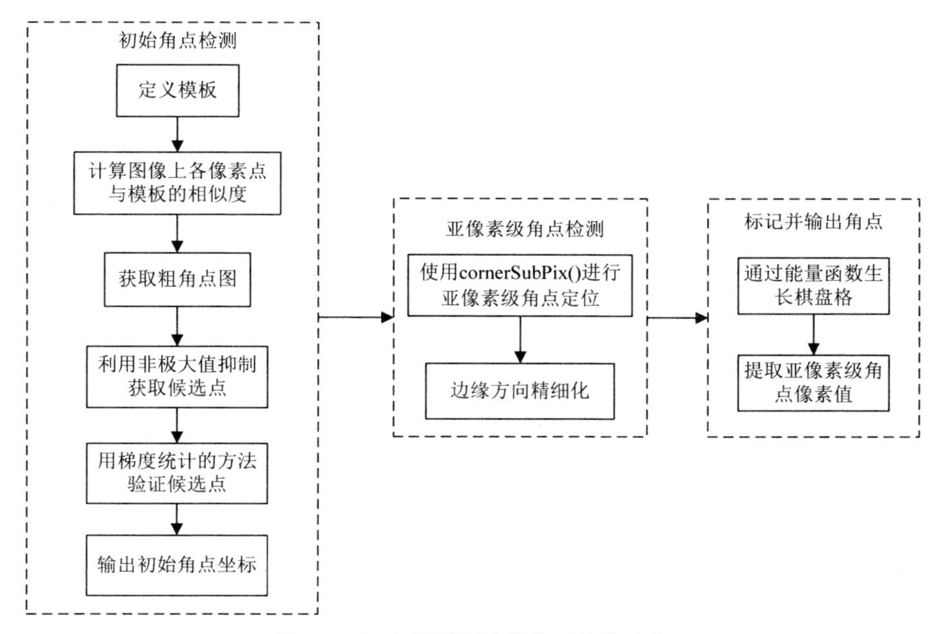

图 8.4　角点检测算法的实现技术路线

其具体步骤如下。

（1）根据图像中各像素点与模板的相似度参数在图像上寻找角点，定位标靶角点位置。

首先定义两种不同的角点模板，一种用于和坐标轴平行的角点，另一种用于旋转 45° 的角点，每个模板由 4 个滤波核$\{A, B, C, E\}$组成，可用于对图像的卷积操作；然后利用这两个角点模板来计算每个拐点与角点的相似度，即

$$\begin{cases} c = \max(s_1^1, s_2^1, s_1^2, s_2^2) \\ s_1^i = \min(\min(f_A^i, f_B^i) - \mu, \mu - \min(f_C^i, f_E^i)) \\ s_2^i = \min(\mu - \min(f_A^i, f_B^i), \min(f_C^i, f_E^i) - \mu) \\ \mu = 0.25(f_A^i + f_B^i + f_C^i + f_E^i) \end{cases} \tag{8.6}$$

式中，f_X^i 表示卷积核 X（$X=A, B, C, E$）和模板 i（i=1,2）在某个像素点的卷积响应，s_i^1 和 s_i^2 表示模板 i 两种可能拐点的相似度，计算图像中每个像素点的相似度，从而得到角点相似图；利用非极大值抑制算法对角点像素图进行处理来获取候选点；然后用梯度统计的方法在一个局域的 $n \times n$ 邻域内验证这些候选点，先对局域灰度图进行 sobel 滤波，然后计算加权方向直方图（32bins），用 Mean-Shift 算法找到其中两个主要的模态 γ_1 和 γ_2；根据边缘的方向，对于期望的梯度强度$\|\nabla I\|_2$构造一个模板 T。$T^*\|\nabla I\|_2$（*表示互相关操作符）和角点相似度的乘积作为角点分值，然后用阈值进行判断得到初始角点。

（2）对角点的位置和方向进行亚像素级精细提取。

运用 OpenCV 中的 cornerSubPix()函数进行亚像素级角点定位，将角点定位到子像素，从而取得亚像素级别的角点检测效果；为细化边缘方向向量，根据图像梯度值最小化其标准离差率，即

$$e_i = \arg\min_{e_i'} \sum_{p \in M_i} (\boldsymbol{g}_p^{\mathrm{T}} e_i')^2 \quad \text{s.t.} \quad \boldsymbol{e}_i'^{\mathrm{T}} \boldsymbol{e}_i' = 1 \tag{8.7}$$

式中，$M_i = \{p | p \in N_I \wedge |\boldsymbol{m}_i^{\mathrm{T}} \boldsymbol{g}_p| < 0.25\}$ 是相邻像素集，其与模块 i 的梯度值 $\boldsymbol{m}_i = [\cos(\gamma_i)\sin(\gamma_i)]^{\mathrm{T}}$ 相匹配。

（3）最后标记角点并输出其亚像素级坐标，根据能量函数生长并重建棋盘格，标记角点，输出亚像素级角点坐标。

通过优化能量函数重建棋盘格并标记角点，能量生长函数为

$$E(x, y) = E_{\text{corners}}(y) + E_{\text{struct}}(x, y) \tag{8.8}$$

式中，E_{corners} 为当前棋盘角点总数的负值；E_{struct} 为两个相邻角点和预测角点的匹配程度；输出亚像素级角点像素值结果如表 8.2 所示。

表 8.2 亚像素级角点检测结果

编号	初始坐标	亚像素级坐标	距离/mm
1	(158, 3454)	(158.429, 3453.3)	895
2	(242, 3377)	(242.818, 3377.01)	958
3	(332, 3295)	(331.134, 3294.45)	1034
4	(418, 3216)	(418.893, 3215.49)	1123
5	(506, 3135)	(506.277, 3135.2)	1186
6	(590, 3057)	(589.468, 3057.8)	1288
7	(668, 2986)	(667.982, 2985.12)	1403

8.3　基于单目视觉的被动测距模型

在进行被动测距模型建模之前，需要对不同型号的设备和相机旋转角度与其深度进行相关性分析，并在此基础上建立基于单目视觉的被动测距模型。

8.3.1　相关性分析

选取小米 3、魅族 M15、iPhone5s 这 3 种不同型号的智能手机作为图像采集设备，相机旋转角度 $\beta = \{-10°, 0°, 10°, 20°, 30°\}$。使用 8.2.2 小节中角点检测算法采集数据，并对其关系进行函数拟合，拟合结果如图 8.5 所示。其中，图 8.5(a)所示为 β=10°时，3 种不同型号的智能手机纵坐标像素值与物体成像角度之间的关系；图 8.5(b)所示为不同相机旋转角度下纵坐标像素值与物体成像角度之间的关系。

由图 8.5 可知，不同型号的相机设备和相机旋转角度，随着纵坐标像素值的增加，物体成像角度呈递减趋势，且设备型号和相机旋转角度的不同，使像素值与成像角度之间呈现不同的线性函数关系。使用 SPSS 22 对物体成像角度、纵坐标像素值进行线性相关分析，输出 Pearson 相关系数 r，如表 8.3 所示。

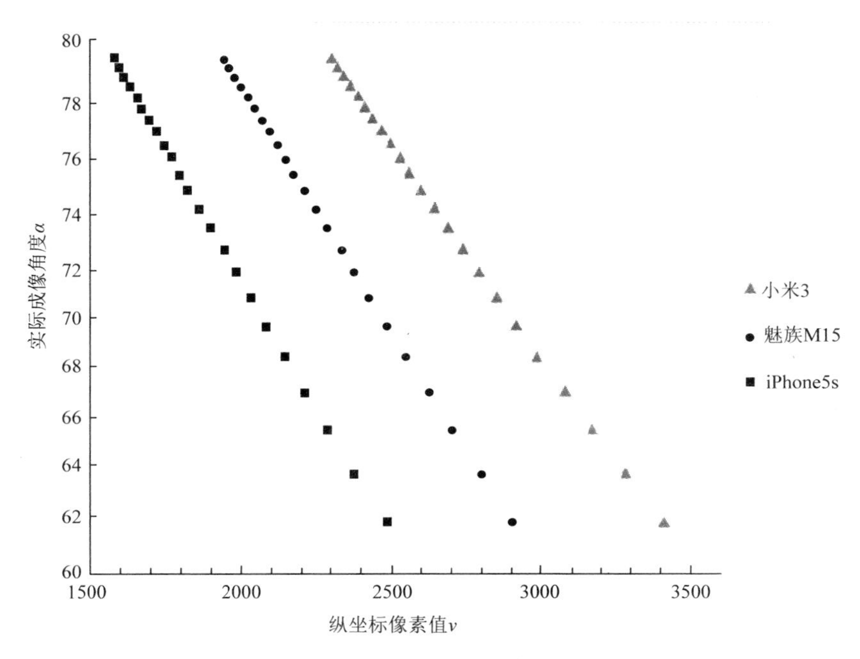

（a）3 种型号设备物体纵坐标像素值与成像角度之间的关系

图 8.5　物体纵坐标像素值与成像角度之间的关系

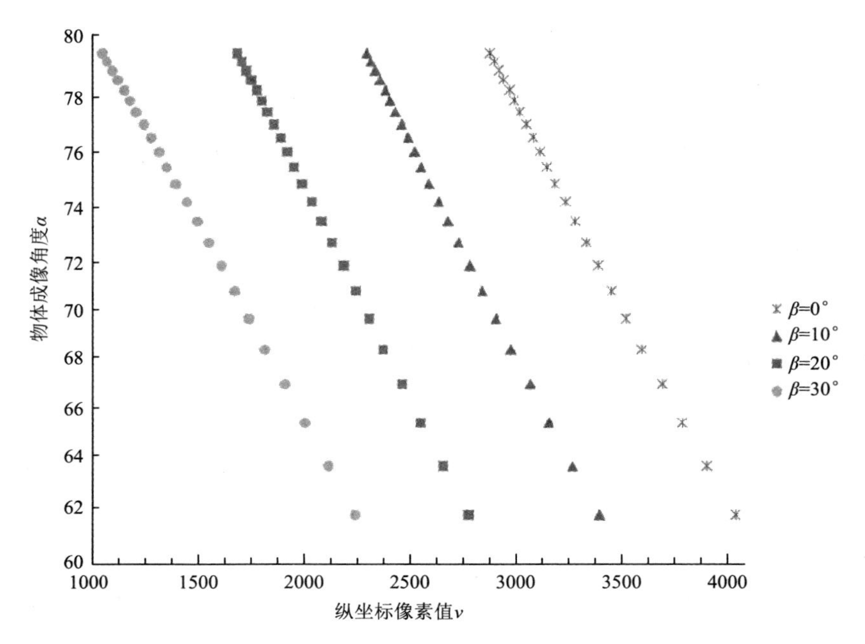

（b）不同相机旋转角度物体纵坐标像素值与实际成像角度之间的关系

图 8.5（续）

表 8.3　物体纵坐标像素值与成像角度相关系数

β	相关系数		
	小米 3	iPhone5s	魅族 M15
-10°	-0.999**	-0.998**	-0.999**
0°	-1.000**	-0.997**	-0.999**
10°	-1.000**	-1.000**	-0.999**
20°	-1.000**	-1.000**	-1.000**
30°	-1.000**	-1.000**	-1.000**

** 极显著（$p<0.01$）。

由表 8.3 可知，在不同型号的设备和相机旋转角度下，物体纵坐标像素值与实际成像角度呈极显著负相关关系（$p<0.01$），相关系数 r 均大于 0.99。另外，本节还对不同设备型号和相机旋转角度下，物体纵坐标像素值与成像角度之间线性函数的斜率差异进行显著性检验。结果表明，不同设备型号和相机旋转角度下物体纵坐标像素值与成像角度之间线性函数的斜率差异极显著（$p<0.01$），说明不同型号的设备和相机旋转角度，其深度提取模型有所不同。

8.3.2　模型建立

1. 获取相机内部参数

为了适应智能手机相机镜头组的特点，采用张正友标定法（1999），引入带有非线性畸变项的相机标定模型，对智能手机相机进行标定，从而实现非线性畸变矫正，并获取相机内部参数和非线性畸变参数。设像平面上每个像素的物理尺寸大小为 $d_x \times d_y$（单位：mm）。若图像坐标系(x, y)原点在像素坐标系(u, v)中的坐标为(u_0, v_0)，图像中任意像素在两个坐标系中满足以下关系，即

$$\begin{cases} u = \dfrac{x}{d_x} + u_0 \\ v = \dfrac{y}{d_y} + v_0 \end{cases} \tag{8.9}$$

相机坐标系中任一点 $P_c(X_c, Y_c, Z_c)$投影到图像坐标系上的(x, y, f)，图像坐标系平面与光轴 z 轴垂直，与原点距离为 f。根据相似三角形原理可以得出

$$\begin{cases} x = f\dfrac{X_c}{Z_c} \\ y = f\dfrac{Y_c}{Z_c} \end{cases} \tag{8.10}$$

物体从世界坐标 $\boldsymbol{P}_W(X_W, Y_W, Z_W)$到相机坐标 P_c 变换的过程是一种刚体运动，可以用物体的平移和旋转来描述。因此，从世界坐标系变换到相机坐标系存在以下关系，即

$$P_c = \boldsymbol{R}(\boldsymbol{P}_W - \boldsymbol{C}) = \boldsymbol{R}\boldsymbol{P}_W + \boldsymbol{T} \tag{8.11}$$

结合式（8.9）～式（8.11），用齐次坐标与矩阵形式可表示为

$$Z_c \begin{bmatrix} u \\ v \\ 1 \end{bmatrix} = \begin{bmatrix} f_x & 0 & u_0 \\ 0 & f_y & v_0 \\ 0 & 0 & 1 \end{bmatrix} \begin{pmatrix} \boldsymbol{R} & \boldsymbol{T} \\ \boldsymbol{O} & 1 \end{pmatrix} \begin{bmatrix} X_W \\ Y_W \\ Z_W \\ 1 \end{bmatrix} = \boldsymbol{M}_{\mathrm{int}} \boldsymbol{M}_{\mathrm{ext}} P_W \tag{8.12}$$

$\boldsymbol{M}_{\mathrm{int}}$、$\boldsymbol{M}_{\mathrm{ext}}$ 分别是相机标定内部参数矩阵和外部参数矩阵，相机外参包括旋转矩阵 $\boldsymbol{R}$ 和平移矩阵 $\boldsymbol{T}$。

2. 深度提取模型

根据 8.3.1 小节被拍摄物体纵坐标像素值与实际成像角度呈极显著负线性相关关系，设

$$\alpha = F(v, \beta) = av + b \tag{8.13}$$

其中，参数 a、b 均与相机型号和相机旋转角度有关，相机拍摄投影几何模型如

图 8.6 所示。当 α 取最小值 $\alpha = \alpha_{\min} = 90 - \theta - \beta$ 时，即被拍摄物体投影到图片最底端时，$v = v_{\max}$（$v_{\max}$ 为相机 CMOS 或 CCD 图像传感器列坐标的有效像素数），代入式（8.13）可得

$$90 - \beta - \theta = av_{\max} + b \tag{8.14}$$

当 $\alpha_{\min} + 2\theta > 90°$，即 $\theta > \beta$ 时，相机上视角高于水平线，相机拍摄投影几何模型如图 8.6（a）所示。地平面无限远处，α 无限接近于 90°，此时 v 无限趋近于 $v_0 - \tan\beta \cdot f_y$，$f_y$ 为像素单位下相机的焦距，β 为负值，即相机逆时针旋转时也同理。因此，代入式（8.13）可得

$$90 = a\left(v_0 - \tan\beta \cdot f_y\right) + b \tag{8.15}$$

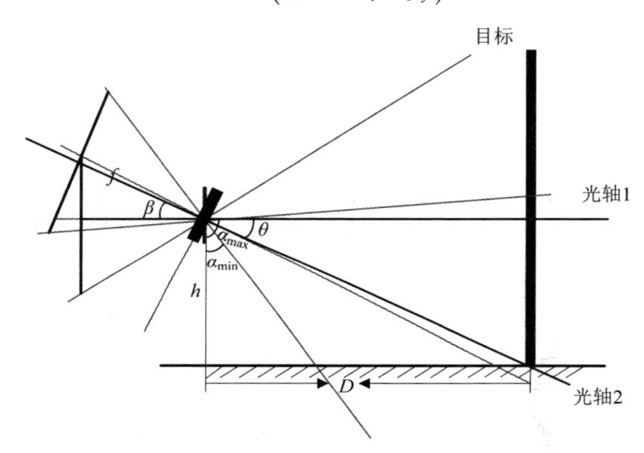

（a）相机上视角高于水平线拍摄几何模型

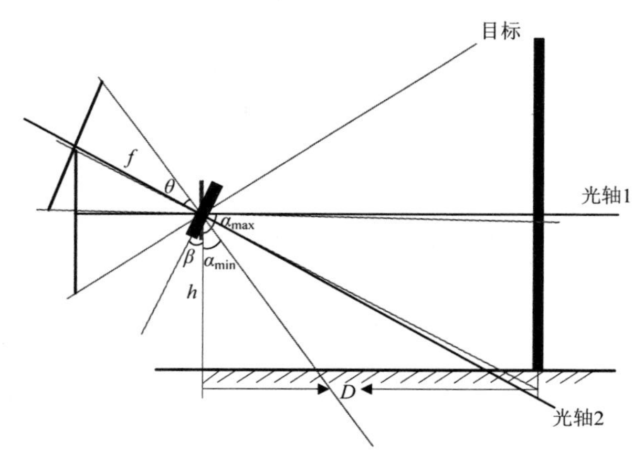

（b）相机上视角低于水平线拍摄几何模型

图 8.6　相机拍摄投影几何模型

当 $\alpha_{\min} + 2\theta < 90°$，即 $\theta < \beta$ 时，相机上视角低于水平线，相机拍摄投影几何模型如图 8.6（b）所示。地平面无限远处目标物成像角度 α 取最大值，

$\alpha_{\max}=\alpha_{\min}+2\theta=90-\beta+\theta$时，即被拍摄物体投影到图片最高点时，$v=0$，代入式（8.13）可得

$$90-\beta+\theta=b \tag{8.16}$$

根据针孔相机的构造原理，一半的相机垂直视场角 θ 的正切值等于相机 CMOS 或 CCD 图像传感器边长的一半除以相机焦距，故 θ 为

$$\theta=\arctan\frac{L_{\mathrm{CMOS}}}{2f}=\arctan\frac{v_{\max}}{2f_y} \tag{8.17}$$

因此，结合式（8.14）～式（8.17），可得

$$F(v,\beta)=\begin{cases}\alpha=-\dfrac{\theta+\beta}{v_{\max}-v_0+\tan\beta\cdot f_y}v+90+\dfrac{(v_0-\tan\beta\cdot f_y)(\theta+\beta)}{v_{\max}-v_0+\tan\beta\cdot f_y}\pm\delta, & \theta>\beta\\ \alpha=-\dfrac{2\theta}{v_{\max}}v+90+\theta-\beta\pm\delta, & \theta<\beta\end{cases} \tag{8.18}$$

式中，δ 为相机非线性畸变项误差参数。理想的透镜模型是针孔模型，属于线性模型，但由于镜头制作工艺和装配等原因，图像中像点、相机光心和物点不完全共线，造成图像非线性畸变误差，其中非线性畸变项误差包括径向畸变和切向畸变造成的误差。

非线性畸变项的引入不仅可以实现对标定模板畸变的校正，以获取更高精度的相机内部参数，而且可通过畸变参数对待测图像进行非线性畸变校正，提高深度提取模型精度。径向畸变是由于镜头形状缺陷造成的。径向畸变数学模型为

$$\begin{cases}x=x'(1+k_1r^2+k_2r^4+k_3r^6)\\ y=y'(1+k_1r^2+k_2r^4+k_3r^6)\end{cases} \tag{8.19}$$

式中，$r^2=x^2+y^2$，(x,y)为矫正后不含畸变项的理想线性相机坐标系的归一化坐标值，(x',y')是实际图像中像点归一化的坐标，径向畸变值与图像点在图像中的位置有关，图像边缘处的径向畸变值较大。切向畸变是由于光学系统存在不同程度的偏心造成的，即透镜组的光学中心不完全在一条直线上，切向畸变数学模型为

$$\begin{cases}x=x'+[2p_1x'+p_2(r^2+2x'^2)]\\ y=y'+[2p_2y'+p_1(r^2+2y'^2)]\end{cases} \tag{8.20}$$

式中，包含 k_1、k_2、k_3、p_1、p_2 共 5 个非线性畸变系数，由式（8.19）和式（8.20）得畸变矫正函数模型为

$$\begin{cases}x=x'(1+k_1r^2+k_2r^4+k_3r^6)+2p_1x'+p_2(r^2+2x'^2)\\ y=y'(1+k_1r^2+k_2r^4+k_3r^6)+2p_2y'+p_1(r^2+2y'^2)\end{cases} \tag{8.21}$$

根据矫正后的理想线性归一化坐标值(x,y)求解矫正后图像各点在像素平面坐标系中的像素坐标，通过双线性内插的方法对矫正后像素值进行插值处理，从而得到矫正后图像。将矫正后图像中待测立木底部几何中心点纵坐标像素值代入式（8.18），结合式（8.1）构建深度提取模型为

$$D=\begin{cases} h\tan\left(-\dfrac{\arctan\dfrac{v_{\max}}{2f_y}+\beta}{v_{\max}-v_0+\tan\beta\cdot f_y}v+90+\dfrac{(v_0-\tan\beta\cdot f_y)\left(\arctan\dfrac{v_{\max}}{2f_y}+\beta\right)}{v_{\max}-v_0+\tan\beta\cdot f_y}\right)\pm\delta', & \theta>\beta \\ h\tan\left(-\dfrac{2\arctan\dfrac{v_{\max}}{2f_y}}{v_{\max}}v+90+\arctan\dfrac{v_{\max}}{2f_y}-\beta\right)\pm\delta', & \theta<\beta \end{cases} \tag{8.22}$$

3. 目标物距离测算

为计算任意方向上目标物距离，在已经求出的目标点深度的基础上，只需计算目标物与光轴的垂直距离 T_x，即可计算出目标物距离 L。

图 8.7 所示为相机立体成像系统原理图，其中点 P 为相机位置，点 A、B 所在的直线与图像平面平行，设 A 在相机坐标系下的坐标为(X, Y, Z)，在不考虑相机镜头畸变的情况下，点 B 的坐标为$(X+T_x, Y, Z)$，投影到图像平面 $A'(x_l, y_l)$、$B'(x_r, y_r)$ 上，根据式（8.10）可得

$$\begin{cases} x_l=f\dfrac{X}{Z}, & y_l=f\dfrac{Y}{Z} \\ x_r=f\dfrac{(X+T_x)}{Z}, & y_r=f\dfrac{Y}{Z} \end{cases} \tag{8.23}$$

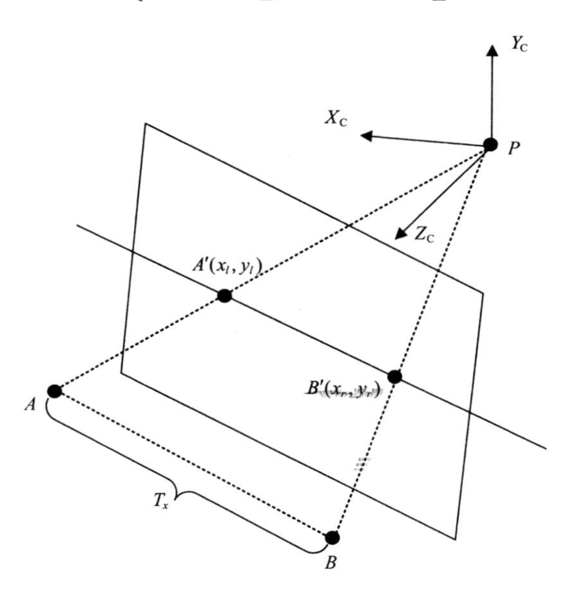

图 8.7　相机立体成像系统原理图

结合式（8.9）和式（8.23），可推导出 Y 值相同且深度 Z 相等的两点 A'、B' 的水平视差 d 可表示为

$$\begin{aligned} d &= x_r - x_l = f\frac{T_x}{Z} \\ &= (u_r - u_l)d_x \end{aligned} \tag{8.24}$$

因此，在已知相机焦距 f、图像中心点坐标(u_0, v_0)及像平面上每个像素在 x 轴方向上的物理尺寸大小 d_x 的情况下，结合相机深度提取模型，可以计算出目标点到光轴方向的垂直距离 T_x，即

$$T_x = \frac{|u - u_0| d_x D}{f} \tag{8.25}$$

根据式（8.3）、式（8.22）和式（8.25），可以计算出图像上任意点到拍摄相机之间的距离 L。

8.4　实验验证与分析

为验证方法的可行性及精度，采用小米 3（MI 3）手机作为实验设备，使用 Java 结合 C++作为开发语言，编写适用于智能手机的单目视觉系统被动测量软件。按照上述方法编写并调试程序后，分别在实验室环境和自然环境下进行精度验证计算模型的精度。

8.4.1　实验设计

1. 对手机相机进行标定，获取相机内部参数和图像分辨率

使用行列数为 8×9、尺寸大小为 20×20 的棋盘格标定板作为相机标定的实验材料，通过小米 3 手机相机采集 20 张不同角度的标定板图片，利用 OpenCV 根据上述改进的带有非线性畸变项的相机标定模型对 MI 3 手机相机进行标定。

经相机标定可计算出 MI 3 手机相机内部参数为：f_x=3486.5637，u_0=1569.0383，f_y=3497.4652，v_0=2107.98988，图像分辨率为 3120 像素×4208 像素，相机镜头畸变参数为[0.0981, −0.1678, 0.0003, −0.0025, 0.0975]。

2. 构建深度提取模型

将参数代入模型，得到该设备对应相机拍摄角度的具体模型为

$$F(v,\beta) = \begin{cases} \alpha = \dfrac{31.03 + \beta}{2100.01 + 3497.47\tan\beta}(2107.99 - 3497.47\tan\beta - v) + 90, & \theta > \beta \\ \alpha = -0.0147v + 121.03 - \beta, & \theta < \beta \end{cases} \tag{8.26}$$

根据三角函数原理得到该设备的具体深度提取模型为

$$D=\begin{cases}h\tan\left(-\dfrac{31.03+\beta}{2100.01+3497.47\tan\beta}v+90+\dfrac{(2107.99-3497.47\tan\beta)(31.03+\beta)}{2100.01+497.47\tan\beta}\right)\pm\delta', & \theta>\beta\\ h\tan(-0.0147v+121.03-\beta)\pm\delta', & \theta<\beta\end{cases}\quad(8.27)$$

3. 图像采集与处理

使用 MI 3 手机相机作为图片采集设备，通过相机三脚架进行图片采集，并测量相机到地面的高度 h，记录相机旋转角 β。对图像存在的径向畸变和切向畸变误差进行非线性畸变校正，将相机镜头畸变参数代入式（8.21）计算矫正后理想线性归一化坐标值为

$$\begin{cases}x'=x(1+0.0981r^2-0.1678r^4+0.0003r^6)-0.005x+0.0975(r^2+2x^2)\\ y'=y(1+0.0981r^2-0.1678r^4+0.0003r^6)+0.195y-0.0025(r^2+2y^2)\end{cases}\quad(8.28)$$

8.4.2 实验室环境测距

本节在实验室环境中通过两组实验分别验证深度提取模型精度和距离测算精度。

实验一：将手机固定于相机三脚架上，旋转角度 β 为 0°，受相机视场角限制，为增加测量范围，本节设计两组实验，实验组 I_1 相机距离地面高度为 305mm，标靶距相机 546mm；实验组 I_2 相机拍摄高度为 285mm，标靶距相机 1035mm。使用上述程序提取角点信息，并根据深度提取模型计算角点成像角度和深度，实验数据如表 8.4 所示。其中，实际深度是通过皮尺丈量的方法获取的，根据实际成像角度的余弦值等于实际深度 D 除以相机拍摄高度 h 可计算出角点实际成像角度，相对误差可通过计算值与实际测量值之间差的绝对值除以实际测量值得到。

表 8.4 深度信息测量数据

实验组	纵坐标像素 v	实际角度 α/(°)	计算角度 α'/(°)	角度误差 /(°)	实际深度 D/mm	计算深度 D'/mm	深度误差 /mm	相对误差 /%
I_1	4075.79	60.81	60.92	0.11	546	548.50	2.50	0.458
	3840.65	64.38	64.39	0.01	636	636.52	0.52	0.082
	3646.92	67.21	67.26	0.05	726	727.71	1.71	0.236
	3490	69.51	69.58	0.07	816	819.21	3.21	0.393
	3364.75	71.39	71.43	0.04	906	907.85	1.85	0.205
	3257.5	72.97	73.01	0.04	996	998.52	2.52	0.253
I_2	3144.6	74.61	74.68	0.07	1035	1040.36	5.36	0.517
	3079.58	75.58	75.64	0.06	1108	1113.23	5.23	0.472
	3013.13	76.58	76.62	0.04	1194	1198.16	4.16	0.348
	2948.42	77.57	77.581	0.011	1293	1294.21	1.21	0.093
	2885.83	78.22	78.50	0.28	1366	1400.82	34.82	2.549
	2827.4	79.09	79.36	0.27	1478	1517.03	39.03	2.640
	2772.96	79.92	80.17	0.25	1603	1644.84	41.84	2.610
	2722.87	80.71	80.91	0.2	1741	1781.31	40.31	2.315

续表

实验组	纵坐标像素 v	实际角度 α/(°)	计算角度 α'/(°)	角度误差 /(°)	实际深度 D/mm	计算深度 D'/mm	深度误差 /mm	相对误差 /%
I_2	2676.69	81.44	81.59	0.15	1892	1927.69	35.69	1.886
	2635.39	82.11	82.20	0.09	2056	2080.55	24.55	1.194
	2597.41	82.73	82.76	0.03	2233	2243.41	10.41	0.466
	2562.52	83.30	83.28	0.02	2423	2418.80	4.20	0.173
	2530.99	83.80	83.75	0.05	2626	2602.32	23.68	0.902

由表 8.4 可知，深度值相对误差值不超过 2.64%，该方法测量深度为 500～2600mm 时平均相对误差为 0.93%。

实验二设置参数为：$\beta=\{-10°, 0°, 10°, 20°, 30°\}$，$h=480\text{mm}$，标靶距相机 1059mm，计算不同相机旋转角度下各角点深度 D、目标点到光轴方向的垂直距离 T_x 及角点距离 L 计算值同真实值的相对误差的均方根（root mean square，RMS），即

$$\text{RMS}=\sqrt{\frac{1}{n}\sum_{i}^{n}\left(\frac{X_i-X_{\text{true}}}{X_{\text{true}}}\right)^2} \tag{8.29}$$

式中，n 为样本数量；X_i 为第 i 组实验的计算值 X_{true} 为真实值。实验数据如表 8.5 所示。

表 8.5　不同相机旋转角度下测量值相对误差的均方根

相机旋转角度 β	相对误差的均方根		
	D	T_x	L
−10°	0.0319	0.0362	0.0323
0°	0.0179	0.0207	0.0176
10°	0.0199	0.0280	0.0205
20°	0.0280	0.0331	0.0291
30°	0.1241	0.1351	0.1253

由表 8.5 可知，当相机旋转角度 β 逆时针方向旋转时，图像上任意点深度值 D、目标点到光轴方向的垂直距离 T_x 和目标物距离 L 相对误差的均方根较大；相反，相机顺时针方向旋转时，相对误差均方根较小，说明当进行图片采集时，手机顺时针方向旋转采集图像有利于提高测量精度，但较大的相机旋转角也会减小系统测量范围。测量误差受拍摄相机高度、相机内部参数精度、目标点实际距离等因素影响。

8.4.3　自然场景测距

为了验证本章被动测距方法在自然场景应用中被动测距的精度，通过拍摄 5 张图像，每张图像中包含 3 个目标物，在已经实现的目标物轮廓提取的基础上，验证距离测量精度。实验三设置参数 β=0°、h=1285mm。实验数据如表 8.6 所示。

实验结果表明，该方法测距在距离为 3000～10000mm 范围内平均相对误差为 1.71%，具有较高的测量精度。

表 8.6　目标物距离测量精度

实验组	实际距离 L/mm	像素值	测量距离 L'/mm	绝对误差/mm	相对误差/%
I_1	2609	(3921.23, 1338)	2576.28	32.72	1.25
	4977	(3116.51, 2215.3)	4949.51	27.49	0.55
	6000	(2947.6, 1008.67)	5956.71	43.29	0.72
I_2	3000	(3735.74, 904.7)	2961.45	38.55	1.28
	4010	(3339.2, 1472.43)	3946.42	63.58	1.59
	10320	(2584.7, 580.25)	10425.44	516.58	5.01
I_3	5002	(3112, 1097.92)	4933.8	68.2	1.36
	7720	(2761.7, 1502.4)	7590.05	129.95	1.68
	8000	(3762.32, 789.55)	7768.54	231.46	2.89
I_4	3617	(3477.88, 1049.93)	3556.47	60.53	1.67
	5214	(3056, 1473.02)	5191.46	22.54	0.43
	7000	(2849.52, 692.23)	6885.23	114.78	1.64
I_5	3215	(3614.7, 591.6)	3292.41	77.41	2.41
	4500	(3214.54, 1489.1)	4417.75	82.25	1.83
	5207	(3057.1, 896)	5278.95	71.95	1.38

8.5　本 章 小 结

本章提出一种基于单目视觉系统的深度提取和被动测距方法。该方法利用优化的角点提取算法对放置于水平地面上特定规格标靶的亚像素级角点进行检测与提取，研究任一点实际成像角度与图像纵坐标像素、相机拍照角度之间的映射关系。经验证，目标物实际成像角度与纵坐标像素之间呈极显著负线性相关关系（p<0.01），相关系数 r 的绝对值均大于 0.99，且该线性关系的斜率和截距与设备型号和拍摄时相机旋转角度有关。因此，先根据相机成像原理选取了 3 组特殊共轭点的实际成像角度和纵坐标像素值代入线性关系函数，通过相机标定获取相机内部参数，建立相应的深度提取模型，计算出任意点的深度；然后结合投影几何

模型和相机立体成像系统原理，计算目标物与相机光轴的垂直距离，最终实现基于单目视觉系统的被动测距。该方法具有设备通用性，并将相机旋转角引入模型，对于不同型号手机的相机，均可计算其图像中任意点到拍摄相机的距离，其具体优势在于以下几点。

（1）与其他单目视觉被动测距方法相比，该方法不需要大场景标定场地，避免了数据拟合引起的误差。

（2）建立的深度提取模型具有设备通用性，并将相机旋转角引入模型，对于不同型号的相机，仅需第一次通过相机标定获取相机内部参数后，即可计算单幅图片上任意像点的深度。

（3）经验证，使用该方法在 500～2600mm 内进行近距离测距时，深度值测量平均相对误差为 0.937%，在距离为 3000～10000mm 时，测量相对误差为 1.71%。因此，使用该方法测距具有较高的测量精度。

第 9 章　多株立木胸径测量方法

立木胸径是森林资源调查管理中一个重要的测量因子（史洁青等，2017；Kunstler et al., 2016）。传统的胸径测量方法测量值通常被视为胸径标准值（Marsden et al., 2008；Saremi et al., 2014），但该方法耗时、耗力且效率低。随着传感技术、计算机视觉及激光测距等技术的发展，非接触式测绘方法应运而生。非接触式胸径测量方法主要分为主动测量和被动测量两类（刘文萍等，2017）。计算机视觉技术作为被动测量的主要途径，具有图像信息丰富、成本低等优点（石杰等，2017；徐诚等，2015；黄晓东等，2015）。计算机视觉测量主要包括单目视觉和双目视觉测量两类（Zhang et al., 2017; Szeliski et al., 2010; Sun et al., 2012）。另外，由于智能手机设备中集成了许多传感器，携带方便，许多学者基于智能手机和单目视觉技术开发了一些立木因子测量平台。

本章结合智能手机相机的特点及优势，提出一种基于单目相机的多株立木胸径被动测量方法。该方法首先采用一种优化的频率调谐视觉显著性轮廓检测算法提取立木树干轮廓，并通过带有非线性畸变项的相机标定模型获取智能手机相机的畸变参数，对图像进行非线性畸变校正；根据第 5 章深度提取模型计算立木在摄影测量坐标系中的深度值；最后，通过分析图像中待测立木株数及立木几何特征，进一步建立包含 5 组坐标系的立木胸径测量坐标系统，研究各坐标系之间的刚体运动规律，建立胸径测量模型，从而求得图像中各立木的胸径值。

9.1　多株立木胸径被动测量原理

通过移动设备进行图像采集，其投影几何模型如图 9.1 所示。其中，f 为相机焦距，θ 为一半的相机垂直视场角，h 为相机拍照高度，这些参数均可通过测量和相机标定的方式获取。相机旋转角 β（相机顺时针旋转 β 值为正，逆时针为负）可通过相机内部重力传感器获取，α 为目标物成像角度，γ 为目标立木所在平面的坡度。

1. 深度信息测量原理

对物体成像角度和纵坐标像素值进行线性相关分析，证明当像点横坐标像素值相同时，物体纵坐标像素值与实际成像角度呈线性相关关系，且不同型号的设备和相机旋转角度，其深度提取模型有所不同。另外，当拍摄相机与竖直方向存在一定旋转角且地面存在坡度时，目标立木成像角度 α 与纵坐标像素值 v 之间的映射关系随旋转角 β 的变化而改变，因此进一步建立含目标物成像角度 α、纵坐

标像素值 v 和相机旋转角 β 这 3 个参数空间关系模型，即 $\alpha=F(v,\beta)$，有

$$\alpha=\begin{cases}\tan\left(-\dfrac{\arctan\dfrac{v_{\max}}{2f_y}+\beta}{v_{\max}-v_0+\tan\beta\cdot f_y}v+90+\dfrac{(v_0-\tan\beta\cdot f_y)\left(\arctan\dfrac{v_{\max}}{2f_y}+\beta\right)}{v_{\max}-v_0+\tan\beta\cdot f_y}\right)\pm\delta, & \theta>\beta\\ \tan\left(-\dfrac{2\arctan\dfrac{v_{\max}}{2f_y}}{v_{\max}}v+90+\arctan\dfrac{v_{\max}}{2f_y}-\beta\right)\pm\delta, & \theta<\beta\end{cases} \tag{9.1}$$

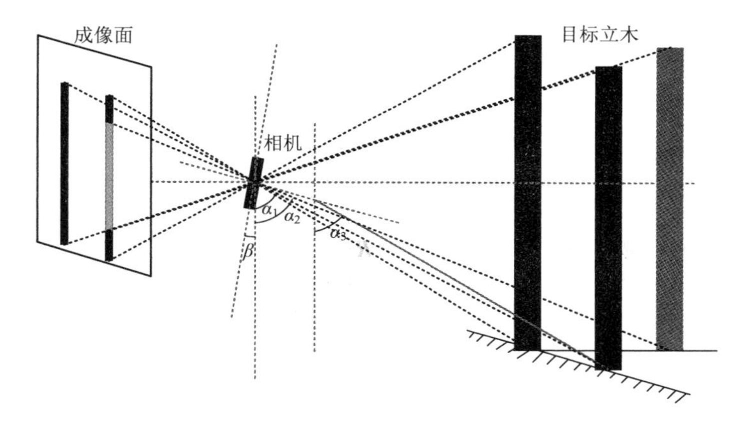

（a）相机拍摄立体投影几何模型

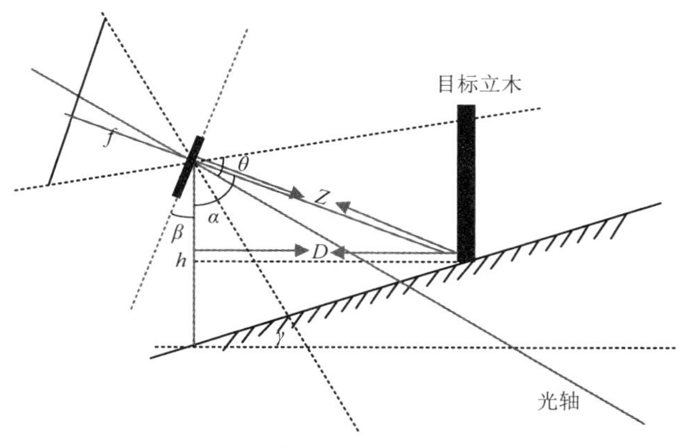

（b）相机拍摄平面投影几何模型

图 9.1　相机拍摄投影几何模型

根据式（9.1）可以通过纵坐标像素值和相机旋转角求出目标物成像角度。其中，δ 为相机非线性畸变项误差，相机径向畸变及切向畸变参数可通过相机标定获取。任意立木在摄影测量坐标系中的深度值 D 可通过相机拍摄高度和物体实际

成像角度获取，即

$$D = \frac{h\tan\alpha}{1+\tan\gamma\tan\alpha} \tag{9.2}$$

2. 立木胸径测量原理

为获取图像中每株立木的胸径值，本章建立的胸径测量坐标系统包含 5 组坐标系，其中像平面坐标系、像素坐标系、像空间坐标系为图像中所有待测立木共同使用的坐标系。此外，本章还根据待测立木特征为每株立木建立其特属的摄影测量坐标系与物方空间坐标系。在针孔相机模型中，研究成像点在不同坐标系中的转换关系。

摄影测量坐标系经平移和旋转到像空间坐标系是一种刚体运动，设旋转矩阵为 $\boldsymbol{R}$、平移矩阵为 $\boldsymbol{T}$，第 i 株立木在摄影测量坐标系中的任意点(U_i, V_i, W_i)在像空间坐标系下坐标值为(X_i, Y_i, Z_i)，摄影测量坐标系与像空间坐标系存在以下关系，即

$$\begin{bmatrix} X_i \\ Y_i \\ Z_i \end{bmatrix} = \boldsymbol{R}\begin{bmatrix} U_i \\ V_i \\ W_i \end{bmatrix} + \boldsymbol{T} \tag{9.3}$$

根据立木胸径的定义和立木图像信息，确定第 i 株立木物方空间坐标系到摄影测量坐标系的旋转矩阵 $\boldsymbol{R}_{\text{T-D}}^{i}$和平移矩阵 $\boldsymbol{T}_{\text{T-D}}^{i}$，从而计算该立木物方空间坐标系原点在其对应的摄影测量坐标系中的坐标值(U_{i0}, V_{i0}, W_{i0})，结合式（9.3）求物方空间坐标系原点在像空间坐标系中的坐标值(X_{i0}, Y_{i0}, Z_{i0})。

根据式（9.2）和式（9.3），即可计算出像空间坐标系中立木深度 Z。根据针孔相机模型中三角形相似关系，立木胸径 DBH 由相机焦距 f、立木倾斜角度 ψ、立木胸径在像平面坐标系中的视差 d 及其在像空间坐标系中的深度 Z 决定。通过图像处理和相机标定的方法可以获取目标立木在图像中的像素值和相机焦距，并计算出 d，那么 DBH 可表示为

$$\text{DBH} = \frac{dZ}{f}\cos\psi \tag{9.4}$$

9.2　立木树干轮廓检测

自然环境下多株立木的视觉显著性表达及轮廓检测，受复杂自然背景、树干纹理等因素的影响，直接使用感兴趣区域提取的方法效果不佳。针对上述问题，本章以自然环境中的待测立木为研究对象，采用一种改进的频率调谐视觉显著性（贺付亮等，2017）轮廓检测算法，该算法包括颜色空间选取、频率调谐的视觉显著性表达以及立木树干轮廓提取 3 个部分。

由于 Lab 颜色模型中 L、a、b 这 3 个分量的几何距离存在差异，且 3 个分量之间独立性高的特点，本章将图像 RGB 空间转换到 Lab 颜色空间，在此空间引入对自然环境中立木轮廓目标区域的频率调谐视觉显著性描述，使之成为识别目标的特征之一；采用 Lab 颜色空间作为图像特征，对于每个颜色通道 L、a、b，计算各个像素点与整幅图像的平均色差并取平方，然后将这 3 个通道的值相加作为该像素的显著性值，从而得到 3 个通道的均值图像；同时，由于依靠传统频率调谐显著性算法受树干纹理影响较大，本章将频率调谐的视觉显著性中对图像的高斯滤波处理改为双边滤波处理，弥补该算法进行立木显著性表达时树干纹理所带来的影响。取 3 个通道的均值图像和滤波图像的欧氏距离并求和，得到图像的频率调谐视觉显著图。另外，本章还将 HSV 颜色空间中 S 分量融合到频率调谐视觉显著图中，可以增强图像显著性。

对显著图像进行二值化处理后利用形态学腐蚀和膨胀组合运算，达到连接邻近物体和平滑边界的作用，最后对立木树干轮廓进行边缘检测，得到目标立木轮廓的提取结果，如图 9.2 所示。其中，图 9.2（c）是为了突出树干，对轮廓进行填充的结果。

彩图 9.2

（a）原始图像

（b）频率调谐视觉显著性图

（c）待测立木树干主轮廓

图 9.2 树干轮廓检测结果

9.3 立木胸径测量

立木胸径测量模型的构建，首先需要研究相机成像模型中二维图像与三维世界中像点和物点之间的对应关系。自然环境中立木生长特征不统一，所处地面坡度也有所差异，因此本节结合立木的生长特征构建立木胸径测量坐标系统，研究各坐标系的转换关系，并计算外部参数，从而构建立木胸径测量模型，实现多株立木的测量。

9.3.1　建立立木胸径测量坐标系

为建立立木胸径测量数学模型，本章首先定义了 5 组坐标系，分别是像平面坐标系、像素坐标系、像空间坐标系、摄影测量坐标系、物方空间坐标系。立木胸径测量坐标系均属右手坐标系。在进行实际测量中，需要确定各坐标系之间的相对关系，各坐标系之间的几何关系示意图如图 9.3 所示。

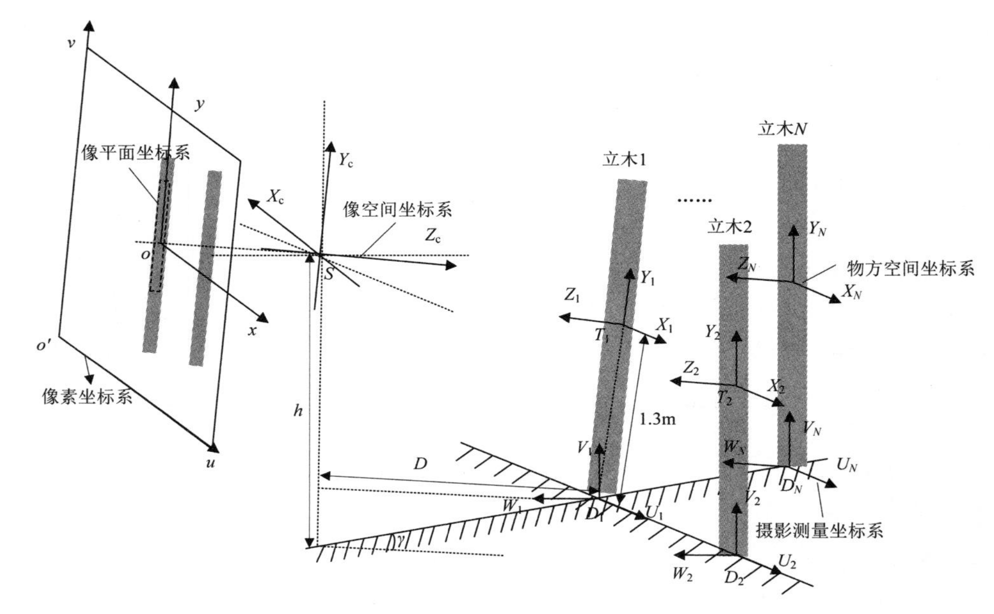

图 9.3　立木胸径测量各坐标系之间的几何关系示意图

以图像平面的左上角或左下角为原点建立像素坐标系 o'-uv。假设像平面坐标系原点位于图像左上角 o'，水平向右为 u 轴，垂直向下为 v 轴，各坐标轴均以像素为单位；以图像平面与光轴的交点 o 为原点建立像平面坐标系 o-xy，水平向右为 x 轴，垂直向下为 y 轴，其单位为物理尺寸，原点 o 一般位于图像中心处，o 在以像素为单位的图像坐标系中的坐标为(u_0, v_0)；像平面坐标系和像素坐标系属于同一个平面上原点不同的两个坐标系。以相机中心点为坐标原点建立像空间坐标系 S-$X_cY_cZ_c$，图像平面与光轴 Z_c 轴垂直，和投影中心距离为 f。将像空间坐标系点映射到投影平面上的过程为投影变换。另外，本章还为图像中 N 株待测量立木定义 N 组摄影测量坐标系 D_i-$U_iV_iW_i$ 和物方空间坐标系 T_i-$X_iY_iZ_i$（$i \leqslant N$），第 i 株立木对应的摄影测量坐标系原点 D_i 位于该立木底部几何中心点，V_i 轴竖直向上垂直于水平地面，U_i 轴沿立木成像面方向水平向右平行于像平面，摄影测量坐标系沿立木树干方向平移 1.3m 后，旋转一定的角度可得到该株立木的物方空间坐标系，物方空间坐标系 Y_i 轴沿立木树干方向竖直向上。

9.3.2　立木胸径测量模型

在针孔相机模型中，根据立木胸径测量坐标系建立规则，研究成像点在不同坐标系中的转换关系，建立立木胸径测量模型。

胸高直径，也称胸径（cm），是指树干距离地面根茎 1.3m 处树的直径。根据立木胸径的定义和立木图像信息，确定第 i 株立木物方空间坐标系到摄影测量坐标系的旋转矩阵 $\boldsymbol{R}_{\text{T-D}}^{i}$ 和平移矩阵 $\boldsymbol{T}_{\text{T-D}}^{i}$，从而计算该立木物方空间坐标系原点在其对应的摄影测量坐标系中的坐标值(U_{i0}, V_{i0}, W_{i0})。

$$\begin{bmatrix} U_{i0} & V_{i0} & W_{i0} \end{bmatrix}^{\mathrm{T}} = \boldsymbol{R}_{\text{T-D}}^{i}\boldsymbol{T}_{\text{T-D}}^{i} \tag{9.5}$$

其中，平移矩阵 $\boldsymbol{T}_{\text{T-D}}^{i} = [0, 1300, 0]$，针对自然界中立木可能存在一定程度的倾斜角且树干为圆柱体的特征，定义立木胸径测量物方空间坐标系与摄影测量坐标系之间的旋转关系为以 V_i 轴为主轴的 0-φ-ψ 系统，即以 V_i 轴为主轴旋转 0°，然后绕 U_i 轴旋转 φ 角，最后绕 W_i 轴旋转 ψ 角，因此旋转矩阵 $\boldsymbol{R}_{\text{T-D}}^{i}$ 可表示为

$$\boldsymbol{R}_{\text{T-D}}^{i} = \begin{bmatrix} \cos\psi & -\sin\psi & 0 \\ \cos\varphi\sin\psi & \cos\varphi\cos\psi & -\sin\varphi \\ \sin\varphi\sin\psi & \sin\varphi\cos\psi & \cos\varphi \end{bmatrix} \tag{9.6}$$

若待测立木中存在倾斜立木，为了方便测量，结合立木树干的几何属性，在进行图片采集时可令倾斜立木树干深度值保持不变，将 φ 角与 ψ 角合并为同一个角，即令 φ=0°，结合式（9.5）和式（9.6）可得

$$\begin{bmatrix} U_{i0} \\ V_{i0} \\ W_{i0} \end{bmatrix} = \begin{bmatrix} \cos\psi & -\sin\psi & 0 \\ \sin\psi & \cos\psi & 0 \\ 0 & 0 & 1 \end{bmatrix} \begin{bmatrix} 0 \\ 1300 \\ 0 \end{bmatrix} = \begin{bmatrix} -1300\sin\psi \\ 1300\cos\psi \\ 0 \end{bmatrix} \tag{9.7}$$

基于第 6 章中提取的立木树干轮廓，可通过提取图像中立木轮廓的最小外接矩形获得旋转角 ψ。根据自然环境下的立木特点，本章采用优化的最小外接矩形直接计算方法提取最小外接矩形，该算法首先按照最小外接矩形直接计算方法获取立木树干轮廓区域外接矩形，此时该矩形倾斜角为 0°；然后以外接矩形中心为中心点旋转该外接矩形，直至外接矩形面积取最小值时记录旋转角，从而找到最优矩形姿态，该旋转角即为旋转角 ψ。

摄影测量坐标系经平移和旋转到像空间坐标系是一种刚体运动，摄影测量坐标系分别沿 U、V、W 轴方向平移 t_U、t_V、t_W 距离（单位：mm）后，从摄影测量坐标系旋转到像空间坐标系，其旋转角元素为(κ, β, ω)，旋转过程为以 V 轴为主轴旋转 κ 角度后，绕新的 U 轴旋转 β 角度，最后绕 W 轴旋转 ω 角度，第 i 株立木的摄影测量坐标系中的任意点(U_i, V_i, W_i)在像空间坐标系下坐标(X_i, Y_i, Z_i)为

$$\begin{bmatrix} X_i \\ Y_i \\ Z_i \end{bmatrix} = \boldsymbol{R} \begin{bmatrix} U_i \\ V_i \\ W_i \end{bmatrix} + \boldsymbol{T} = \boldsymbol{R}\left(\begin{bmatrix} U_i \\ V_i \\ W_i \end{bmatrix} + \begin{bmatrix} t_U \\ t_V \\ t_W \end{bmatrix} \right) \tag{9.8}$$

式中，$\boldsymbol{T}$ 为由摄影测量坐标系到像空间坐标系的平移矩阵；$\boldsymbol{R}$ 为旋转矩阵，有

$$\begin{cases}\boldsymbol{R}=\begin{bmatrix} r_{11} & r_{12} & r_{13} \\ r_{21} & r_{22} & r_{23} \\ r_{31} & r_{32} & r_{33} \end{bmatrix} \\ r_{11}=\cos\kappa\cos\omega-\sin\kappa\sin\beta\sin\omega \\ r_{12}=-\cos\kappa\sin\omega-\sin\kappa\sin\beta\cos\omega \\ r_{13}=-\sin\kappa\cos\beta \\ r_{21}=\cos\beta\sin\omega \\ r_{22}=\cos\beta\cos\omega \\ r_{23}=-\sin\beta \\ r_{31}=\sin\kappa\cos\omega+\cos\kappa\sin\beta\sin\omega \\ r_{32}=-\sin\kappa\sin\omega+\cos\kappa\sin\beta\cos\omega \\ r_{33}=\cos\kappa\cos\beta \end{cases} \tag{9.9}$$

$[t_U, t_V, t_W]^{\mathrm{T}}$ 为

$$\begin{bmatrix} t_U \\ t_V \\ t_W \end{bmatrix}=\begin{bmatrix} t_U \\ -h+D\tan\gamma \\ -D \end{bmatrix} \tag{9.10}$$

根据摄影测量坐标系建立规则，摄影测量坐标系绕 V 轴旋转角度 κ 等于 180°，且通过智能手机相机进行图片采集时绕 W 轴旋转角度 ω，通常约等于 0°，即进行图片采集时，手机竖直置于相机三脚架上，因此，结合式（9.5）和式（9.8）求物方空间坐标系原点在像空间坐标系中的坐标值(X_{i0}, Y_{i0}, Z_{i0})为

$$\begin{bmatrix} X_{i0} \\ Y_{i0} \\ Z_{i0} \end{bmatrix}=\boldsymbol{R}\begin{bmatrix} U_{i0} \\ V_{i0} \\ W_{i0} \end{bmatrix}+\boldsymbol{T}=\begin{bmatrix} 1 & 0 & 0 \\ 0 & \cos\beta & -\sin\beta \\ 0 & \sin\beta & \cos\beta \end{bmatrix}\begin{bmatrix} -1300\sin\psi+t_U \\ 1300\cos\psi-h+D\tan\gamma \\ -D \end{bmatrix} \tag{9.11}$$

像空间坐标系中目标立木深度 Z 值为

$$Z=-(1300\cos\psi-h+D\tan\gamma)\sin\beta+D\cos\beta \tag{9.12}$$

立木胸径测量处在像空间坐标系中 Y 值为

$$Y=(1300\cos\psi-h+D\tan\gamma)\cos\beta+D\sin\beta \tag{9.13}$$

设像平面上每个像素的物理尺寸大小为 $d_x\times d_y$（单位：mm×mm），像平面坐标系 $o\text{-}xy$ 原点 o 在像素坐标系 $o'\text{-}uv$ 中的坐标为(u_0, v_0)，图像中任意像素在两个坐标系中满足以下关系，即

$$\begin{cases} u=\dfrac{x}{d_x}+u_0 \\ v=\dfrac{y}{d_y}+v_0 \end{cases} \tag{9.14}$$

立木胸径测量立木投影几何模型如图 9.4 所示，设点 A' 、B' 为沿树干方向距地面 1.3m 处树干在像平面上的投影点，其在像平面上的坐标值为 $A'(x_1, y_1, f)$ 、$B'(x_2, y_2, f)$ ，像点 A'、B'在自然场景中的同名物点为 A、B，AB 所在的直线与图像平面平行。

彩图 9.4

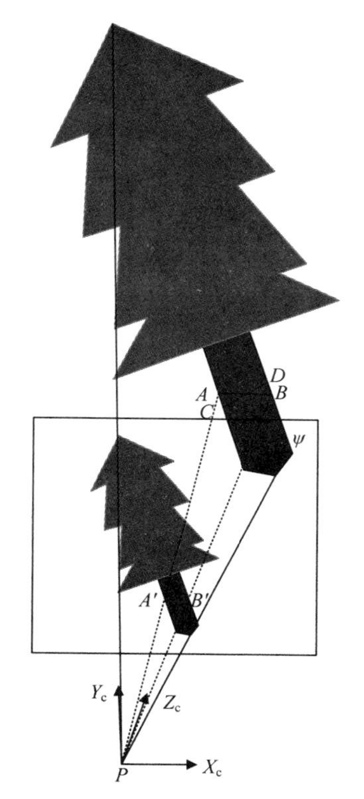

图 9.4　立木胸径测量立木投影几何模型

设 A 在相机坐标系下的坐标为(X, Y, Z)，点 B 的坐标为$(X+T_x, Y, Z)$。线段 CD 过 AB 的中点垂直于立木树干，CD 的距离即为立木胸径真实值。在针孔相机成像模型中，基于已经实现的相机镜头组畸变的矫正，图像中像点、相机光心和物点 3 点共线，则有

$$\begin{cases} x_1 = f\dfrac{X}{Z}, & y_1 = f\dfrac{Y}{Z} \\ x_2 = f\dfrac{X+T_x}{Z}, & y_2 = f\dfrac{Y}{Z} \end{cases} \tag{9.15}$$

结合式（9.12）～式（9.15），像点 A' 、B' 的纵坐标像素值 v_{DBH} 可表示为

$$v_{\text{DBH}} = f_y \frac{(1300\cos\psi - h + D\tan\gamma)\cos\beta + D\sin\beta}{-(1300\cos\psi - h + D\tan\gamma)\sin\beta + D\cos\beta} + v_0 \tag{9.16}$$

Y 值相同且深度值 Z 相等的两点 A' 、B' 的水平视差 d 可表示为

$$d = x_2 - x_1 = f\frac{T_x}{Z} = (u_2 - u_1)d_x \tag{9.17}$$

结合像空间坐标系中待测立木深度值 Z，可计算点 AB 的距离 T_x 为

$$T_x = \frac{|u_2 - u_1| d_x Z}{f} \tag{9.18}$$

式中，u_1、u_2 分别是像点 A'、B'的横坐标像素值，在已知相机内部参数的情况下，结合式（9.4）、式（9.12）和式（9.18），该株立木的胸径可表示为

$$\text{DBH} = \frac{|u_2 - u_1| d_x Z}{f}\cos\psi \tag{9.19}$$

9.4　实验验证与分析

为验证本章方法测量多株立木胸径的可行性及精度，本章采用 MI 3 手机作为实验设备，以 Android 系统为开发平台，使用 Java 结合 C++作为开发语言编写适用于 Android 设备的多株立木胸径自动化测量软件。按照上述方法编写并调试程序后，在自然环境下分别验证深度提取模型和立木胸径测量模型的精度。经相机标定 MI 3 手机相机内部参数为：f_x= 3486.5637，u_0= 1569.0383，f_y= 3497.4652，v_0=2107.9899，图像分辨率为 3120 像素×4208 像素。

实验一是为了验证本章深度信息模型精度，其参数设置为：相机拍摄高度 h=1300mm，实验组 I_1、I_2、I_3 相机旋转角度 β 分别为 10°、0°、−10°，根据相机视场角和旋转角选取 6m 范围内的地面点作为观测点，计算目标点深度值，实验数据如表 9.1 所示。其中实际深度是通过皮尺丈量的方法获取，根据实际成像角度的余弦值等于实际深度 D 除以相机拍摄高度 h，可计算出角点实际成像角度，相对误差可通过计算值与实际测量值之间差的绝对值除以实际测量值得到。

表 9.1　立木胸径测量数据

实验组	实际深度 D/mm	纵坐标像素 v	计算成像角度 α/(°)	计算深度 D/mm	深度误差 /mm	深度相对误差/%
I_1	2000	3662.57	57.218	2018.61	18.61	0.93
	3000	3007.9	67.104	3078.09	78.09	2.60
	4000	2669.3	72.217	4053.05	53.05	1.33
	5000	2460	75.377	4982.58	17.42	0.35
	6000	2316.3	77.547	5886.71	113.29	1.89
	7000	2207.5	79.190	6808.22	191.78	2.74
	8000	2133.3	80.310	7613.45	386.55	4.83

续表

实验组	实际深度 D/mm	纵坐标像素 v	计算成像角度 α/(°)	计算深度 D/mm	深度误差 /mm	深度相对误差/%
I_2	3000	3674.8	66.846	3038.17	38.17	1.27
	4000	3300.54	72.389	4089.70	89.7	2.24
	5000	3073.6	75.744	5107.62	107.62	2.15
	6000	2922.97	77.976	6088.06	88.06	1.47
	7000	2816.5	79.542	7027.95	27.95	0.40
	8000	2734.01	80.739	7972.94	27.06	0.34
	9000	2670.35	81.671	8889.70	110.3	1.23
I_3	4000	4035.6	71.405	3864.03	135.97	3.40
	5000	3780	75.030	4861.71	138.29	2.77
	6000	3609.16	77.452	5840.81	159.19	2.65
	7000	3487.64	79.175	6798.89	201.11	2.87
	8000	3400.8	80.407	7691.50	308.50	3.86
	9000	3331.33	81.392	8587.48	412.52	4.58
	10 000	3272.7	82.223	9518.79	481.21	4.81

由表 9.1 可知，通过本章深度信息模型计算图像上像点的深度值，其相对误差值不超过 4.83%，相机旋转角为 0° 时，误差相对较小，使用该方法测量深度信息在距离为 2000～10000mm 时平均相对误差为 2.32%，满足立木胸径测量对深度值精度的要求。

实验二是验证本章立木胸径测量模型的精度，其参数设置为：相机拍摄高度 h=1300mm，相机旋转角度 β 为 0°，设置 5 组实验 I_1、I_2、I_3、I_4、I_5，每组实验选取 3 株立木作为研究对象，样木距离区间为 3.39～13.32m，对样本进行编号并用直径卷尺测量每株立木胸径作为真实胸径值，实验数据如表 9.2 所示。

表 9.2　立木胸径测量数据

实验组	胸径真实值 L/cm	胸径计算值 L'/cm	绝对误差/cm	相对误差/%
I_1	28.0	28.354	0.354	1.264
	23.4	23.382	0.018	0.077
	35.7	36.154	0.454	1.272
I_2	35.0	35.204	0.204	0.583
	27.9	27.863	0.037	0.133
	31.8	31.799	0.001	0.003
I_3	19.7	19.532	0.168	0.853
	28.2	28.099	0.101	0.358
	30.3	30.508	0.208	0.686

续表

实验组	胸径真实值 L/cm	胸径计算值 L'/cm	绝对误差/cm	相对误差/%
I_4	27.0	27.262	0.262	0.970
	18.5	18.737	0.237	1.281
	20.3	20.07	0.23	1.133
I_5	18.5	18.292	0.208	1.124
	16.6	16.559	0.041	0.247
	15.2	15.373	0.173	1.138

实验结果表明，15 个样本测量结果中胸径小于 20cm 的树木，绝对误差小于 0.237cm；胸径不小于 20cm 的树木，相对误差小于 1.272%。满足国家森林资源连续清查中对胸径测量精度的要求：胸径小于 20cm 的树木，测量误差小于 0.3cm，胸径不小于 20cm 的树木，测量误差小于 1.5%。

9.5　本 章 小 结

立木胸径是森林资源调查管理中的重要测量因子，其精确测量对于森林资源调查、管理以及碳循环模型的构建具有重要意义。本章以智能手机为基础，提出一种结合深度提取模型的多株立木胸径测量方法。该方法首先采用一种改进的频率调谐视觉显著性轮廓检测算法，对立木树干轮廓进行视觉显著性表达，并提取其轮廓，为胸径的测量提供基础；然后根据本章深度提取模型计算摄影测量坐标系下立木深度值，并利用畸变参数对图片进行非线性畸变校正优化深度值；结合多株立木胸径测量的特殊属性和立木几何特征，为待测立木建立一套包含 5 组坐标系的立木胸径测量坐标系统，并在针孔相机模型中，通过已知的外方位元素计算空间坐标系转换的旋转矩阵和平移矩阵，研究各坐标系之间的刚体运动规律并建立胸径测量模型，从而求出图像中各立木的胸径值。利用本章多株立木胸径测量方法测量立木胸径可以满足国家森林资源连续清查中对胸径测量精度的要求，不需要在测量场景中设定已知尺寸的标定物，测量方法更灵活，且避免了数据拟合引起的误差，为“智慧林业”的数据采集提供支持。

第 10 章　平面约束下的立木树高提取方法

立木树高是评价立木质量和林木生长状况的重要标志之一（黄心渊等，2006；McRoberts et al., 2010）。因此，树高的测量是森林资源调查中的一项重要任务（任冲等，2016）。目前，除了传统的目测法、人工接触式测绘方法等简易方法（张煜星等，2017）以外，以传感器为原理的激光测树仪（杨立岩等，2018）、望远测树仪（邱梓轩等，2017）等工具也得到了广泛使用。长期以来，传统的测绘方法劳动强度大、人力成本高、效率低，而专业精密测量设备存在操作复杂、不易携带、成本较高等问题（周广益等，2009；赵芳等，2014）。随着图像处理和近景摄影测量的深入发展（王书民等，2015），计算机视觉技术能够较好地解决这些问题，给树高测量的发展带来了契机。通过计算机视觉技术进行树高测量具有图像信息精确，设备操作简单、成本低等优点（刘同海等，2013）。近年来，越来越多的在单目视觉系统下的测量方法被提出，用来提取待测图像中对应目标物体的高度特征信息。缪永伟等（2016）提出了利用灭点原理对单幅输入图像进行相机标定，以此探究生成粗糙建筑物模型的方法，但在比较复杂的场景下，算法所提出的自动检测重复结构算法自动化程度较低，不能完全识别，需要用户进行手动标记。吴军等（2012）根据灭点的相关属性建立关于径向畸变系数与灭点坐标参数的非线性模型，对该模型优化估算径向畸变系数和灭点坐标。但相机拍摄的自然场景图像，畸变系数较小，图像中畸变直线的曲率也很小，所以从图像中提取畸变直线非常困难。王美珍等（2012）将相机平面和三维场景通过线性转换所获得的参数来计算线段距离；但算法的有效性受到三维空间中参考长度的影响，且在不同方向上待测线段的长度测量结果有效性也不同，因此导致测量结果的有效性不稳定。以上这些方法对输入图像进行较多的信息约束，包括固定的相机屏幕横纵比、主点位于图像中心位置等，且需要进行大量的矩阵运算，对场景中的几何要求也较高。

综述所述，本章通过结合射影几何变换的知识，提出了一种简单的无须进行标定的立木树高测量方法。利用放置参照物，提供单目视觉场景下的几何约束，估算影灭点，利用平面上已知参照物的线段及灭点、灭线信息构建交比，由此提取待测立木树高信息。该方法对相机的内外参数、外部光照条件、相机所选拍摄角度等条件要求较少，适用于非专业人士借助智能手机进行立木树高的提取。

10.1　参照物轮廓识别

在提取参照物的几何特征进行灭点坐标检测时，灭点坐标的精度受很多因素的影响，而灭点的精度对本实验的测量方法至关重要。在自然环境下采集的立木图像相比工业环境下的计算机视觉图像处理，具有目标图像光照不均和噪声干扰因素多等特点（周克瑜等，2016）。低分辨率、图像噪声、人工选择错误都会极大地影响测量准确度，根据这些信息特性，本章主要采用参照物的模板匹配、Canny 算子轮廓边缘检测、Hough 变换对图像中直线进行提取等 3 个步骤进行参照物特征点选择。通过这 3 个步骤进行参照物的轮廓识别，能够识别出精度符合要求的参照物轮廓，方便本章的下一步研究。

1. 参照物模板匹配

在实际场景中，采用模板匹配的方法找到参照物在图像中的位置，由此缩小参照物所求坐标值提取的范围，从而提高参照物对应坐标点提取的准确性。模板匹配的原理就是通过相似准则来对比所输入图像之间的相似程度，本文使用 Similarity(S,T)方法来表示图片之间的相似程度。接着根据滑动模板的特征，分析计算每一次图像块移动的相关像素。在每一次移动的位置，都根据模板进行一次度量计算，评估是“好”还是“坏”，并根据“好”的位置进行匹配，从而得到最匹配的目标。

2. Canny 算子轮廓边缘检测

选出匹配的参照物区域，用 Canny 算子对匹配到的参照物进行边缘检测，提取几何信息并进行特征点坐标计算。Canny 算子边缘检测是一种集错误率低、定位最优且进行运算迭代时计算量小等多个优点于一体的多级算法。该检测算法能够准确找到图像的边缘，且由于任何一个边缘都只会被标记一次，受到图形噪声的影响也不会产生伪边缘。

3. Hough 变换提取直线特征

Hough 变换是一种在图像中寻找直线的方法，在本章中使用 Hough 变换来提取输入图像中的特征直线。Hough 变换具有不受图像噪声的影响、对于特征边界描述中的间隙极大的容忍度等优点。其中最大的优点是在进行图像处理时，不容易受到图像噪声的影响，对于特征边缘的描述有较大的容忍性。Hough 变换能够识别已知的解析式曲线，将原图像空间转成到极坐标表示，以此来表示计算的参数。参数空间 $H(p,\theta)$ 每一个点都代表一条直线。在利用 Canny 算子进行边缘提取时，遍历 θ，并将 H 看成一个累加器，设置一个阈值，如果超过这个阈值则代表图像中的这些点在同一条直线上。图 10.1 为目标边缘自动检测过程。

（a）原图

（b）目标物模板

（c）目标物匹配结果

（d）目标边缘检测结果

图 10.1　目标边缘自动检测过程

通过上述过程可以得到参照物的轮廓信息和参照物的特征点信息。在图像上，三维空间中平行的线投影在二维空间时会聚集在一个点，也就是通常所说的灭点。通过求参照物的特征点坐标很容易得出参照物的灭点坐标，但是由于存在图像分辨率、图像质量等因素影响，所求得的灭点特征存在一定误差。所以对于灭点坐标的检测是非常有必要的，10.2 节分析了灭点计算中容易出现的一些误差，以及如何修正灭点计算时所带来的误差。

彩图 10.1

10.2　灭点坐标检测

本章利用灭点性质和射影变换进行距离估算，灭点的准确性对该方法的精确度起着重要的作用。在实际操作中，如低分辨率、图像噪声、人工选择错误都会极大地影响测量的准确度。理论上，灭点为三维空间中一组平行线投影在对应二维影像上的相交点，如图 10.2（a）所示。但是在实际中，由于图像心态学处理、Hough 变换直线提取、直线分类等过程都不可避免地存在系统误差，三维空间中平行直线在对应二维影像上的投影并不会交于一点，如图 10.2（b）所示。

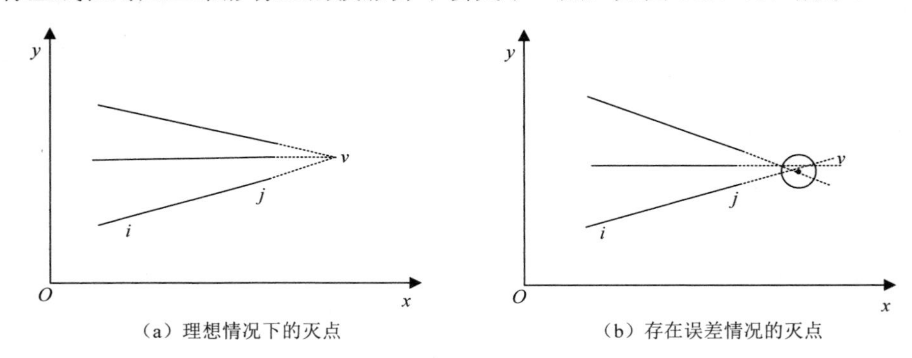

（a）理想情况下的灭点　　（b）存在误差情况的灭点

图 10.2　灭点误差示意图

平行直线段组中的任意一条直线 ij 及其对应的灭点 v，由 i、j、v 三点共线，可得

$$(y_v - y_i)(x_j - x_i) - (x_v - x_i)(y_j - y_i) = 0 \tag{10.1}$$

式中，(x, y)分别为 i、j、v 的图像坐标，经过线性化之后可以得到

$$[(y_j - y_v)v_{xi} + (x_v - x_j)v_{yi} + (y_v - y_j)v_{xj} + (x_i - x_v)v_{jy} + (y_i - y_j)v_x + (x_j - x_i)v_y] + d_0 = 0 \tag{10.2}$$

其中，

$$d_0 = (y_v - y_i)(x_j - x_i) - (x_v - x_i)(y_j - y_i) \tag{10.3}$$

根据平行直线段组中所有直线可得平差模型

$$\boldsymbol{A}_{n\times 4n}\boldsymbol{V}_{4n\times 1} + \boldsymbol{B}_{n\times 2}\boldsymbol{x}_{2\times 1} + \boldsymbol{W}_{n\times 1} = \boldsymbol{0} \tag{10.4}$$

式中，n 为平行直线段中直线段的个数，观测向量为$\boldsymbol{V}=[v_{xi}\ \ v_{yj}\ \ v_{xj}\ \ v_{yj}]^{\mathrm{T}}$；未知数灭点为 $\boldsymbol{x}=[v_x\ \ v_x]^{\mathrm{T}}$；$\boldsymbol{A}$、$\boldsymbol{B}$ 分别为观测向量系数矩阵和未知数系数矩阵：$\boldsymbol{W}$ 为闭合差。式（10.4）为附有参数的条件平差，其解的形式为

$$\boldsymbol{X} = -\boldsymbol{N}_{bb}{}^{-1}\boldsymbol{B}^{\mathrm{T}}\boldsymbol{N}_{aa}{}^{-1}\boldsymbol{W} \tag{10.5}$$

$$\boldsymbol{v} = -\boldsymbol{P}^{-1}\boldsymbol{A}^{\mathrm{T}}\boldsymbol{N}_{aa}{}^{-1}\left(\boldsymbol{W} + \boldsymbol{Bx}\right) \tag{10.6}$$

式中，$\boldsymbol{N}_{aa} = \boldsymbol{AP}^{-1}\boldsymbol{A}^{\mathrm{T}}$；$\boldsymbol{N}_{bb} = \boldsymbol{B}^{\mathrm{T}}\boldsymbol{N}_{aa}{}^{-1}\boldsymbol{B}$ 。

综上所述：可以用灭点与直线之间的一致性表示灭点与直线之间的相对空间位置关系，并且使用不同直线间的距离表示两者之间的相似程度，如果两者之间的距离越小，则代表直线之间相似程度越高。使用改进的 J-Linkage 聚类算法，对于待测直线段端点之间的误差、待测直线段长度及对应灭点与直线段的位置关系，具有没有复杂的迭代运算，没有参数空间数据转换的优点，能够大大提高图像处理中图像计算的效率，从而降低灭点计算的误差，使计算更精确。得到准确的灭点误差以后，下一步就是根据灭点的信息、图像中参照物的坐标信息、图像中树木的坐标信息进行检测。由于参照物的实际尺寸是已知的，根据射影变换原理，可以建立图像中树木和参照物的三维坐标。通过相似三角形原理，构建交比信息，来确定待测立木的树高，从而达到本次实验的目的。

10.3　构建交比信息

数码相机在拍照过程是由三维空间到二维空间的一种映射，可以将客观世界的三维信息压缩到二维的像平面空间，会发生一系列的信息压缩和几何变形。在三维空间中，两条平行线经过射影变换后在无穷远处相交为一点。在三维空间，同一平面约束下，一组平行线经射影变换后会在无穷远处交于一点，该点称为灭点。两个灭点的连线称为在该平面的灭线。虽然射影前后多数目标的几何特征（如长度）会发生变化、失去平行关系，但也有一些几何特征不受影响，依然保持射影不变性，如平面约束下的交比是不变的，这些是可以加以利用的重要信息源和特性。

10.3.1　平面线段长度计算

交比（cross ratio，CR）具有射影不变性，它被定义为共线的四点之间组成线段的两两比值。当它们映射到对应二维平面图像上的 4 个点以后，这 4 个点之间的交比（两两比值）会保持不变。它们之间的比例关系为

$$\mathrm{CR}\left(\bar{x}_1,\bar{x}_2,\bar{x}_3,\bar{x}_4\right)=\frac{\left|\bar{x}_1\bar{x}_2\right|\left|\bar{x}_3\bar{x}_4\right|}{\left|\bar{x}_1\bar{x}_3\right|\left|\bar{x}_2\bar{x}_4\right|} \tag{10.7}$$

设 S 表示两点间的距离。本节利用了共线四点在射影变换前后交比不变这一性质，测量基于交比的单向量测，共线四点的交比见式（10.8），且交比在射影前后比值相等，即

$$\mathrm{CR}(AB,\ CD)=\frac{S_{AC}S_{BD}}{S_{AD}S_{BC}}=\mathrm{cr}=\frac{S_{ac}S_{bd}}{S_{ad}S_{bc}} \tag{10.8}$$

共线四点中的其中一点用灭点代替，交比公式依然成立（图 10.3），图中大写字母表示三维空间中实际的点位，小写字母表示三维空间中的点在二维空间图像上的对应点，V 为直线 AB 的灭点交比公式，可变换为

$$\mathrm{CR}_1=\mathrm{CR}(AB,\ CV)=\frac{S_{AC}S_{BV}}{S_{AV}S_{BC}}=\frac{S_{AC}S_{BV}}{(S_{AB}+S_{BV})S_{BC}} \tag{10.9}$$

由于灭点通常位于无穷远处，所以在实际距离中 S_{BV} 和 S_{AV} 都为无穷大，故可以将它们省去，再将式（10.9）中的分子、分母同除以 S_{BV}，可将式（10.9）简化为

$$\mathrm{CR}_1=\frac{S_{AB}+S_{BC}}{S_{BC}}=\frac{S_{AC}S_{BV}}{\left(\dfrac{S_{AB}}{S_{BV}}+1\right)S_{BC}}=\frac{S_{ac}S_{bv}}{S_{av}S_{bc}} \tag{10.10}$$

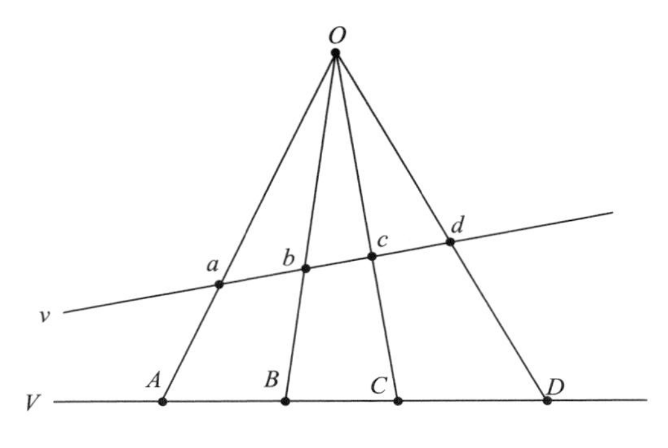

图 10.3　交比原理

交比值可通过等式右边对应图上的距离计算获得，若已知 A、B 两点间距离 d，则可求出另外两点之间的距离，如式（10.12）所示，可求出点 A、C 间的距离为

$$S_{BC}=\frac{d}{\mathrm{CR}_1-1} \tag{10.11}$$

$$S_{AC}=S_{AB}+S_{BC} \tag{10.12}$$

使用现实中的点 D 代入公式，同样可以计算出与 D 点相关的距离，如式（10.13）和式（10.14），即

$$\mathrm{CR}_2=\mathrm{CR}(CD,\ AV)=\frac{S_{AC}S_{DV}}{S_{CV}S_{DA}}=\frac{S_{AC}S_{DV}}{(S_{CD}+S_{DV})S_{DA}}=\frac{S_{CA}}{S_{DA}}=\mathrm{cr}_2 \tag{10.13}$$

$$S_{DA}=\frac{S_{AC}}{\mathrm{cr}_2} \tag{10.14}$$

根据交比原理的相关性质，可以得知交比与灭点的具体位置没有相关性，所以在计算过程中无须获得待测线段相对于已知实际长度线段的位置。因此可以很方便地计算待测线段的长度信息，若将以上结论作进一步的推导，可通过已知二维平面内一条线段的长度、该平面的灭线，即可以获得与该线段平行的直线上，任意两点之间的距离。

10.3.2　竖直平面上线段长度计算

由 10.3.1 小节可知，通过交比可以提取二维直线上的几何信息。经过进一步的推导，利用交比原理还可以实现三维平面上的相关几何信息的提取。本小节以交比为原理，根据测量已知的参照物高度，获得立木树高。在三维平面上建立模型，在图 10.4 所示的三维场景中，左侧长方体为已知高度参照物，右侧为待测高度立木。约定大写字母为三维空间下的真实坐标信息，B 点为长方体在坐标系中水平线上的一点，E 点为竖直方向上长方体的最高点，待测立木的最低点和最高点为 A、F。通过连接 AB，过 E 点作 AB 的平行线，与 AF 交于点 D。在三维空间中 $ABED$ 是一个矩形，所以得知 BE 的高度等于 AD 的高度，即只需得到 AD 与

AF 之间的比值，就可得出参照物与待测立木之间的高度关系。

三维空间中，竖直平行的参照物和待测立木，在二维图像中所组成的线段是不平行的。经过射影变换时，特征点的位置会发生变化，如图 10.5 所示，同一地平线平行的参照物和待测立木之间平行线的延长线相交。因此，通过延长竖直方向上的垂线和另外两组水平平行线，可以找到 3 个方向的灭点。

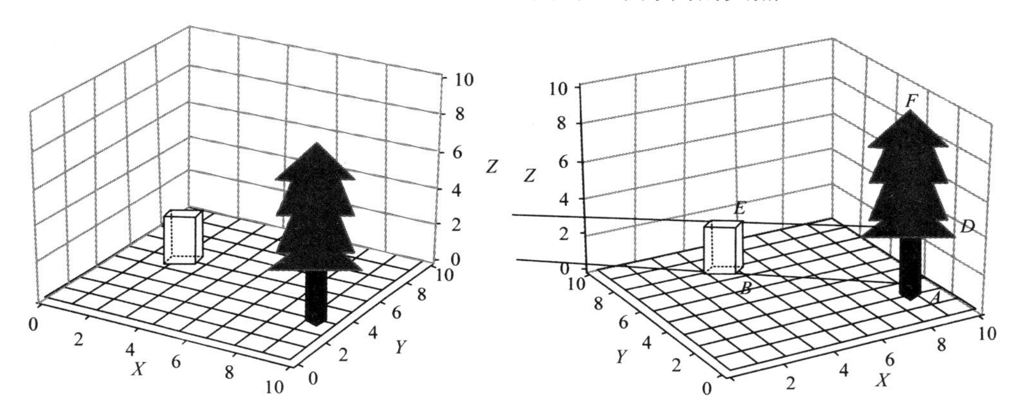

图 10.4　三维空间中的参照物、待测立木

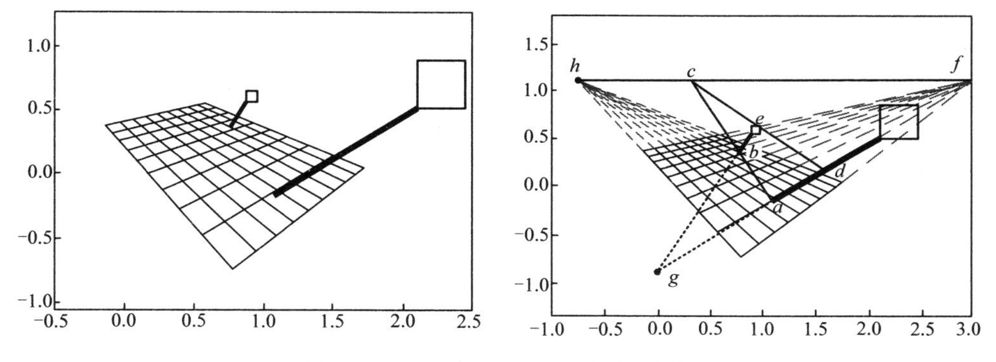

图 10.5　三维空间到二维空间的映射

本章约定小写字母作为二维平面上各个坐标点的位置，如图 10.5 所示，3 个灭点坐标分别为 *h*、*f*、*g*。连接 *hf*，可得二维平面中的一条灭线，该灭线在无穷远处与灭线上任意一点所发射出来的射线存在平行关系。因为 *ab* 在真实三维空间中处于同一地平线，延长 *ab*，交灭线于点 *c*，延长 *ce* 交 *af* 于点 *d*，根据灭线的性质可知，*ed* 与 *ad* 在真实空间中是平行直线，*abed* 为真实空间矩形 *ABED* 所成的像。

根据上述结论可知，三维空间中直线上的几个点，映射到图片上后，这几个点的交比不变。通过这一结论，可以得知三维空间坐标和二维图像坐标之间交比的关系，即

$$\frac{\left(\dfrac{AD}{AF}\right)}{\left(\dfrac{GD}{GF}\right)}=\frac{\left(\dfrac{ad}{af}\right)}{\left(\dfrac{gd}{gf}\right)} \tag{10.15}$$

G 点为所有竖直垂线在无穷远处的交点。F 点为三维空间中同一方向的所有水平直线的交点，该点即灭点。因为 G 点和 F 点都在无穷远的一处，所以 F 点和 D 点之间的距离差可以忽略，所以 $GD/GF=1$，可得

$$\frac{AD}{AF}=\frac{\left(\dfrac{ad}{af}\right)}{\left(\dfrac{gd}{gf}\right)} \tag{10.16}$$

在式（10.16）中，二维平面上坐标信息都可以通过图像坐标系下点的信息计算而得，AD 为已知高度的参照物，可以通过两者之比来计算待测立木 AF 的高度，从而得出待测立木树高。

如图 10.6 所示，参照物位于三维平面上（以此为地面），知道它的长、宽、高的坐标信息。A、B、C、D、F、G 是参照物的 6 个顶点。I、H 为待测物的两个顶点。由于在平面射影中，三维坐标系下平行的两条线段最终会相交于灭点。延长 AE、BF、DG 相交于 V_2，该点为参照物在 Y 轴上的灭点，延长 BA、DC、FE 相交于 V_1，该点为参照物在 X 轴上的灭点，连接 V_1V_2，该线为参照物在二维平面坐标系下的一条灭线。灭线上的任意一点，对其两组平行垂直线的交比不变。由于参照物和被测物的实际空间位置是在同一地平线上，所以 H、G 处在同一水平面，连接并延长 H、G 与灭线 V_1V_2 相交于点 O。从 O 点出发，连接 O、F

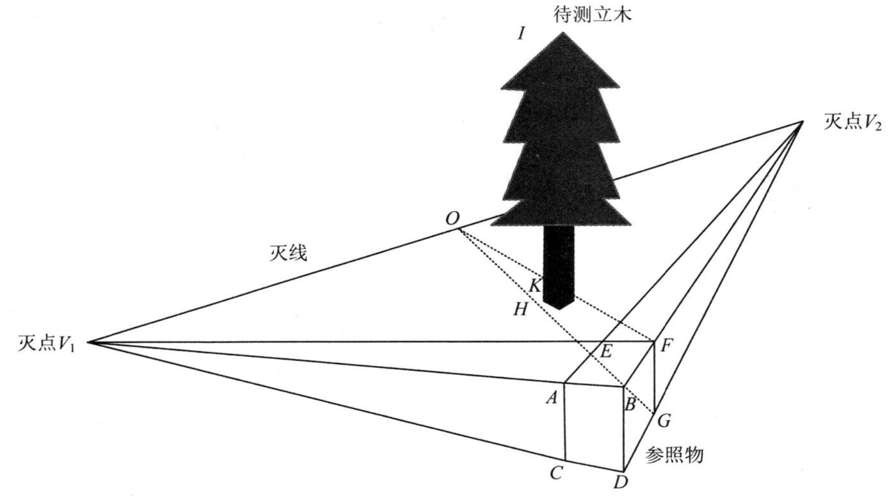

图 10.6　交比构建示意图

两点与 HI 相交于 K 点，得到线段 HK。由 10.3.1 小节的结论可得，HK 和 FG 在三维空间下物理长度相等，且由于 FG 的信息已知，根据 HK 和 HI 在图像上的比值求出 HI 的实际高度。

10.4　实验验证与分析

本节对立木树高提取方法进行了算法实现与验证。

10.4.1　方法实现

这里先对图像进行视觉显著性分析，调节原始图像的亮度和对比度，读取参照物在图像上的像素位置，由图像坐标系重建三维空间坐标系，根据像素关系和参照物的实际尺寸，计算该参照物与待测立木之间的几何交比关系。如图 10.7 所示，通过对交点信息的提取以及坐标位置的提取，可得参照物特征点的位置信息，由此计算平面约束场景中平行、垂直等几何关系平面的灭点与灭线。

彩图 10.7

（a）直线线段提取

（b）特征点提取

图 10.7　直线检测及特征点坐标信息

10.4.2　实验验证

本章实验采用小米手机（MI 2S），系统版本为 Android 4.1.2，分辨率为 2160 像素×1080 像素。借助 Java 语言、OpenCV 库和 J-Linkage 聚类算法，实现了从三维空间中灭点的提取和立木树高的计算。参照物长、宽、高分别为 50cm、50cm、70cm。选取测试样木的树高分别依次递增，树高值在 2～7m 之间。同时在拍摄点处利用人工测量、皮尺或测高仪等接触式的测量工具进行多次立木树高的测量，计算其平均值，以此来确定验证立木实际高度的真实值。

测量结果如表 10.1 所示。由表可见，测量值与真值绝对误差最大为 26cm、最小为 7cm，其相对误差分别为 4.73%和 1.84%，表明此方法可满足一般的应用需求。

表 10.1　树高实验测量数据

样本号	树高测量值/m	树高真值/m	绝对误差/m	相对误差/%
1	5.09	5.3	−0.21	−3.96
2	5.76	5.5	0.26	4.73
3	6.23	6.4	−0.17	−2.66
4	6.26	6.5	−0.24	−3.69
5	6.76	6.9	−0.14	−2.02
6	4.33	4.2	0.13	3.10
7	3.87	3.8	0.07	1.84
8	2.72	2.8	−0.08	−2.86

10.5　本章小结

本章先从二维平面上的水平线段入手，运用射影前后线段长度的不变性，计算二维直线任意一点的距离；再结合三维空间中立木与参照物的空间位置关系，计算三维空间中任意两点的距离；最后通过相关实例对本文的灭点测量算法进行了分析验证。该算法的主要内容是通过射影变换间的不变量，进行平面内任意线段长度的测量。使用改进的 J-Linkage 聚类算法，可以有效减少 Hough 变换下直线提取的误差，除此之外还可以提高三维空间下灭点检测的准确性。即使未知手机相机内外参数也可以准确地获得所需的灭点，提高了二维图像上线段计算的灵活性，尤其适合基于结构化情景下立木场景的几何信息提取。

该方法的优点在于需要已知的前提条件较少，适用于单幅图像，参照标定的环境容易搭建，只需要知道待测参照物的长、宽、高信息就能得到立木的树高。该过程极大地降低了运算的复杂度。但其关键还在于灭点和灭线的准确度。

第 11 章　单株立木树高测量方法

立木树高是单木测量的重要因子之一，如何快捷、精准地获取立木的树高等测树因子一直是林业工作者及专家探讨的研究热点（孟宪宇，2006；McRoberts et al.，2010；Avery et al.，1983）。传统的人工接触式测绘方法（冯仲科等，2001）劳动强度大、人力成本高、效率低。使用全站仪等精密测量设备存在操作复杂、不易携带、成本较高等问题（张智韬等，2008；曹忠等，2015；聂玉藻等，2002；梁长秀等，2005）。近景摄影测量方法（徐伟恒等，2017；韩文超等，2011；连蓉等，2017；关强等，2006）可以较好地解决这些问题，但传统近景摄影测量方法主要基于双目视觉测量原理（全燕鸣等，2013；于合龙等，2016；郭卜瑜等，2017；杨琤等，2011），双目测量精度受到相机性能、光照和基线长度的影响，算法程序复杂，应用限制偏多。近年来，传感器性能的提升使得从单目图像中测量物体尺寸（张祖勋，2004）成为可能，王忠亮等（2015）基于单目计算机视觉研究定位高压输电线路障碍物，但目前单目测量主要还是针对摄像机等专业的拍摄仪器。随着智能终端设备的迅速发展，运用非专业设备的智能终端测量立木树高成为可能。

目前大部分智能终端方面基于 Android 平台开发研究的测树软件或方法（周克瑜等，2016），李亚东等（2016），研究基于 Android 手机传感器的林木单株树高测量的技术，周玉晨等（2017）设计与研究基于 Android 的角规测树及数据处理软件，这类方法的原理主要基于三角函数原理和相似三角形原理进行立木树高计算，这类方法需要对立木进行多次拍摄，操作复杂，鲁棒性有待提高。本章将介绍一种基于智能终端——普通 Android 手机采集立木图像，根据改进的非线性畸变校正模型（Xu et al.，2014；Zhang，2000；管昉立等，2018）和基于点运算扩展透视变换模型，实现立木树高测量。

11.1　图像感兴趣区域选取

在自然环境下利用智能手机设备采集立木图像，相比工业环境下的计算机视觉图像处理，具有目标图像光照不均和噪声干扰因素多等特点，依据这些信息特性，本章主要采取图像显著性增强处理、数学形态学变换、阈值突变三点法选取图像感兴趣区域。

1. 图像显著性增强处理与数学形态学变换

将 CMOS 传感器采集的图像进行视觉显著性分析，利用分析图调整 HSV 空间的特征分量和 Lab 颜色空间分布，增加颜色的对比度和图像亮度。获取增强图像后，进行灰度转换，通过图像中目标物和背景在灰度中的差异，选取合适的灰度阈值，将区域根据灰度级别进行分类，计算各个区域灰度的方差。灰度图像转化为二值化图像，采用数学形态学变化进行缺陷处理，在立木图像垂直方向进行增厚和减薄。将获取图像进行开运算处理（先腐蚀后膨胀），使连通区域进行分离，删除噪声像素，再将图像中目标物体增大处理，减小空洞，将分离区域进行连通。

2. Canny 算子轮廓边缘检测

Canny 算子具有良好的轮廓边缘检测效果，在人脸识别和农业产品识别方面广泛运用。利用 Sobel 梯度算子中的 $G(i, j)$函数与图像像素 $f(x, y)$进行卷积处理，通过大小为 3×3 的模板求取 $f(x, y)$在 x 和 y 方向上的偏导数 x'和 y'，利用偏导数的平方根得到梯度 $K(i, j)$，结合灰度阈值锐化图像；利用二维傅里叶方法变换图像，得到图像直流分量 $F(0, 0)$，通过傅里叶谱对数进行函数变换，直流分量被减弱，保持直流分量（DC），增强其他分量，从而增加图像细节部分；利用去噪算法将图像进行分解，去除每一尺度分解到的属于噪声的小波系数，进一步增强和保留信号的小波系数，重构去噪后的信号，得到去噪图像；利用高斯滤波函数与图像 $I(x, y)$进行卷积处理得到 $I_2(x, y)$，利用式（11.1）和式（11.2）求出图像梯度大小 $P(x, y)$和梯度方向 $\Delta\theta(x, y)$，用大小为 3×3 的窗口在 8 个方向的邻域内对 $P(x, y)$的所有像素沿梯度方向进行梯度幅值的插值，根据像素点(x, y)，梯度幅值 $P(x, y)$小于沿梯度方向 $\Delta\theta(x, y)$两个相邻像素点幅值插值判定边缘点；$P(x, y)$与非极大值抑制后的梯度幅值进行处理后的高阈值 T_1 和低阈值 T_2 进行比较，小于 T_1 或 T_2，得到两幅图像 F_1、F_2，在 F_2 基础上将两幅图对应位置像素进行 8 邻域的对比计算，连接轮廓，得到图像的轮廓边缘检测图像。

$$P(x,y)=\sqrt{\boldsymbol{G}_x^2(x,y)+\boldsymbol{G}_y^2(x,y)} \tag{11.1}$$

$$\Delta\theta(x,y)=\arctan\left[\frac{\boldsymbol{G}_x(x,y)}{\boldsymbol{G}_y(x,y)}\right] \tag{11.2}$$

式中，$\boldsymbol{G}_x(x,y)$ 为像素点在 x 方向的掩码模板式（11.3）；$\boldsymbol{G}_y(x,y)$ 为像素点在 y 方向的掩码模板（式 11.4）。

$$\boldsymbol{G}_x(x,y)=\begin{bmatrix}-1 & 0 & 1\\ -2 & 0 & 2\\ -1 & 0 & 1\end{bmatrix} \tag{11.3}$$

$$\boldsymbol{G}_y(x,y)=\begin{bmatrix}-1 & -2 & -1\\ 0 & 0 & 0\\ 1 & 2 & 1\end{bmatrix} \tag{11.4}$$

3. 阈值突变三点法选取图像感兴趣区域

将图像通过以上算法进行处理后，获取得到图像的阈值突变的 3 个最值点在 y 轴方向上的最大值 $P_1(x_1, y_{max})$和 x 轴方向上的最小值 $P_2(x_{min}, y_2)$、最大值 $P_3(x_{max}, y_3)$。获取图像感兴趣区域，可以加快图像畸变校正的运算速度。阈值突变三点法感兴趣区域选取流程如图 11.1 所示。

（a）原图　（b）图像二值化

（c）Canny 算子轮廓图像　（d）感兴趣区域选取

图 11.1　阈值突变三点法感兴趣区域选取流程

彩图 11.1

11.2　立木图像畸变校正

通过智能手机相机采集立木图像，获取待测立木的图像信息，这种方法能快速响应和实时获取。但由于相机镜头制造工艺的不同，相机成像时存在不同程度的畸变。另外，为了获取完整的立木图像，进行立木图像采集时需调整手机相机拍摄角度，因而立木图像也存在透视畸变现象，造成了图像的透视失真。畸变的存在不利于操作人员对于图像的辨认、分析和判断，所以需要对畸变进行校正，减少因为像的失真对图像定量分析的精度造成的影响。本节基于图像处理算法，利用改进的非线性畸变校正模型对图像进行畸变校正，结合光学小孔成像原理和基于点运算的透视畸变校正模型透视校正。

11.2.1　非线性畸变校正模型

因实际的工艺制作问题，导致实际镜头成像时往往带有不同程度的畸变，从而导致空间实际图像点坐标偏离理想针孔模型计算所得的坐标。

因此，为了确定空间物体表面某点的三维几何位置与其在图像中对应点之间的投影关系，需要利用相机参数构建相机的成像模型。本研究采用张正友标定法（Zhang，2000；管昉立等，2018）进行相机标定，并且针对智能手机相机镜头组的优缺点，引入一种改进的带有非线性畸变项的相机标定模型实现相机标定，从而获取高精度相机参数，用于镜头畸变校正。

用智能手机设备拍摄标定板，采集模板图像信息和已知的模板平面建立有约束关系的函数模型，获取内外参数矩阵。考虑到透镜径向畸变的问题，将最大似然估计法和非线性最小二乘法的 L-M 算法进行结合运用，获取移动设备相机的内外参数。

$$Z_c\begin{bmatrix}u\\v\\1\end{bmatrix}=\begin{bmatrix}\frac{1}{d_x}&0&u_0\\0&\frac{1}{d_x}&v_0\\0&0&1\end{bmatrix}\begin{bmatrix}f&0&0&0\\0&f&0&0\\0&0&1&0\end{bmatrix}\begin{pmatrix}\boldsymbol{R}&\boldsymbol{t}\\\boldsymbol{O}&1\end{pmatrix}\begin{bmatrix}x_w\\y_w\\z_w\\1\end{bmatrix}=\begin{bmatrix}\frac{f}{d_x}&0&u_0&0\\0&\frac{f}{d_x}&v_0&0\\0&0&1&0\end{bmatrix}\begin{pmatrix}\boldsymbol{R}&\boldsymbol{t}\\\boldsymbol{O}&1\end{pmatrix}\begin{bmatrix}x_w\\y_w\\z_w\\1\end{bmatrix}\quad(11.5)$$

式中，(x_w, y_w, z_w)表示坐标点在三维世界坐标系中的坐标；f表示相机焦距；$\boldsymbol{R}$ 表示旋转矩阵；$\boldsymbol{t}$ 表示平移向量。

相机畸变又分为径向畸变和切向畸变两种。

（1）径向畸变。这是由于透镜先天条件原因（透镜形状），成像仪中心（光学中心）的畸变为 0，随着向边缘移动，畸变增强。径向畸变的数学模型为

$$\begin{cases}u'=u\left(1+k_1r^2+k_2r^4+k_3r^6\right)\\v'=v\left(1+k_1r^2+k_2r^4+k_3r^6\right)\end{cases}\quad(11.6)$$

（2）切向畸变。这是摄像机安装过程造成的，如当透镜不完全平行于图像平面时产生。切向畸变的数学模型为

$$\begin{cases}u'=u+\left[2p_1v+p_2(r^2+2u^2)\right]\\v'=v+\left[p_1(r^2+2v^2)+2p_2u\right]\end{cases}\quad(11.7)$$

假设实际图像坐标系中点的值为 $P_i'(x_u,y_v)$，那么在像素坐标系(u,v)中有$P_i(u_0,v_0)$，两者中间的关系满足

$$\begin{cases}u=\Delta u+u_0\\v=\Delta v+v_0\end{cases}\quad(11.8)$$

式中，$\Delta u=x_u/d_x$，$\Delta v=y_v/d_y$ 分别为图像中每一个像素点和它在 x 轴、y 轴方向上的物理尺寸 d_x、d_y 的比值。

$$\begin{cases}\delta_x = k_1 x(x^2+y^2) + p_1(3x^2+y^2) + 2p_2xy \\ \delta_y = k_2 x(x^2+y^2) + p_2(x^2+3y^2) + 2p_1xy\end{cases} \tag{11.9}$$

式中，坐标点在实际图像中的值为(x, y)，(x_u, y_u)为理想图像坐标点主要通过线性小孔成像模型计算出，其中(δ_x, δ_y)为坐标点具有的非线性畸变值，k_1、k_2、k_3代表径向畸变系数，p_1、p_2为切向畸变系数。

已知相机的内外参数，将获取的特定区域畸变图像中的坐标(x, y)代入相机的校正模型，对图片中的所有像素进行偏移校正，从而将图像的镜头畸变进行校正的理想图像坐标为(x_u, y_u)。标定图像的反投影误差和每幅模板图像的平均像素误差如图 11.2 所示。

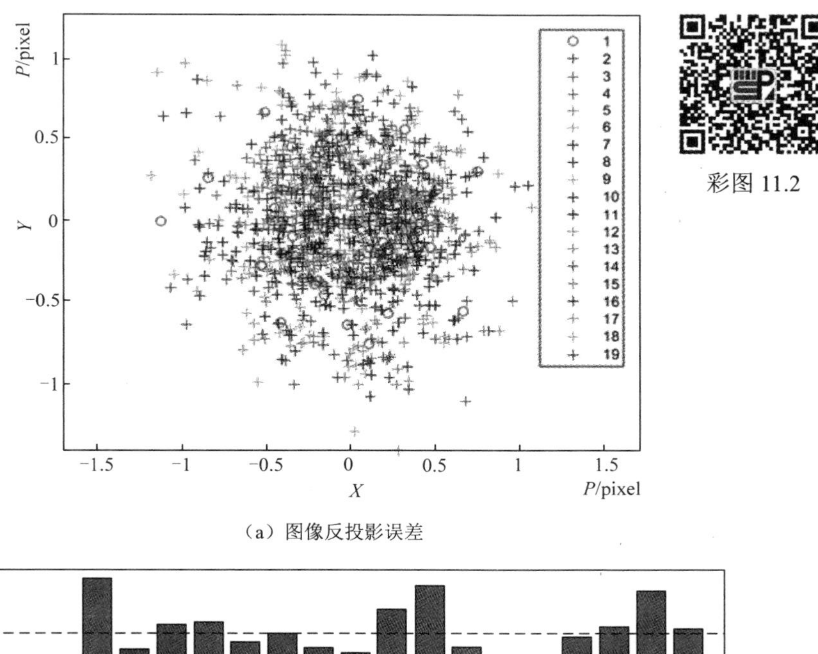

（a）图像反投影误差

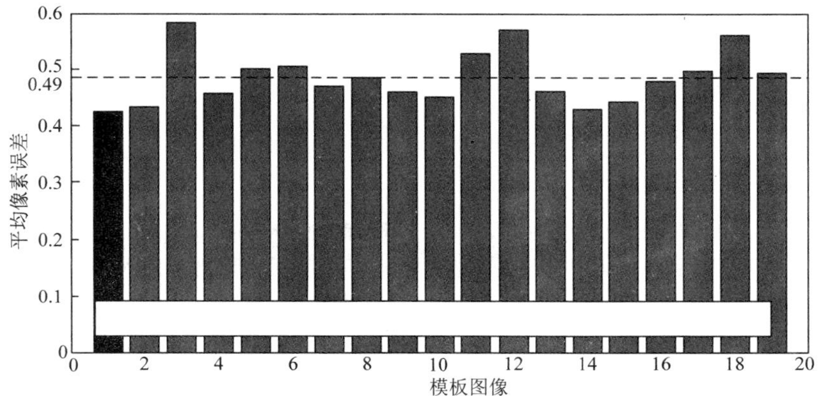

（b）每幅模板图像平均像素误差

图 11.2　标定图像的反投影误差和每幅模板图像的平均像素误差

11.2.2 基于点运算的透视畸变校正模型

通过智能手机相机拍摄完整的单株立木时，存在一定的仰角，导致立木图像产生透视几何畸变，影响图像信息获取和目标的定位、立木因子测量的精度。理想相机成像面和实际景物成像面的几何关系如图 11.3 所示。透视几何畸变的校正，需了解图像在理想情况下的几何坐标和图像在畸变情况下的几何坐标，及其在一定情况下的相互转换关系。在光学成像原理图中，实际畸变图像上图像点的坐标为 x'和 y'，理想图像上图像点的坐标为 x 和 y，理想图像和畸变图像成像在同一像面中。手机相机的镜头光轴与 y 坐标轴在像面中投影重合，x 轴通过原点并始终与 y 坐标轴垂直。在理想成像情况下，手机相机拍摄镜头的光轴与成像物面垂直。但是因拍摄因素的影响，导致存在畸变，实际物体成像平面并不垂直于光轴，即 $\beta \neq 90^\circ$。

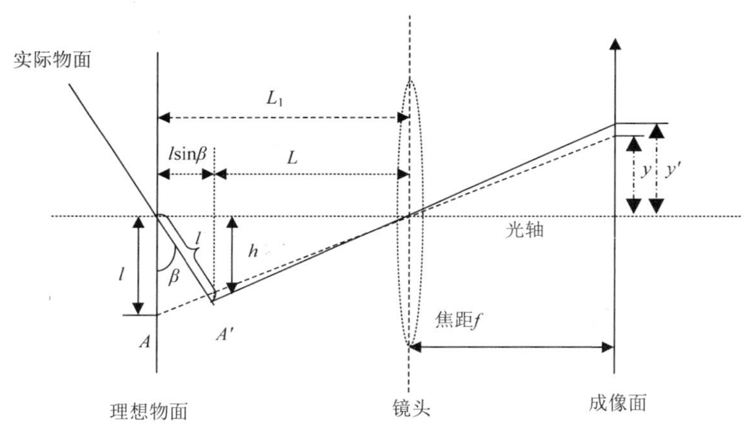

图 11.3 理想景物成像面和实际景物成像面的几何关系

根据图 11.3 中的几何关系，可得到以下公式，即

$$y' = l\frac{f_y}{L_1} \tag{11.10}$$

$$l = \frac{h}{\cos\beta} \tag{11.11}$$

$$l = y\frac{L}{f} = \frac{y}{f}\left(L_1 - l\sin\beta\right) \tag{11.12}$$

式中，f_y 为手机镜头在 y 轴上的焦距；L_1 为理想物面到镜头的距离；l 是光轴与实际物成像面的交点到物体成像面上 A'的距离；β 为实际物体成像面与光轴所夹的角；h 为物点 A'到光轴的垂直距离。联立式（11.10）～式（11.12），得到相应的理想坐标点 y'和实际畸变坐标点 y 的关系为

$$y' = \frac{f_y y}{f_y \cos\beta + y\sin\beta} \tag{11.13}$$

由于 x 坐标轴始终与光轴垂直，因此理想像面上的像点坐标 x 和实际像面上的畸变点的像点坐标 x' 的比值取决于透镜到通过相应物点并且垂直于光轴平面之间的距离 L，即

$$\frac{x'}{x} = \frac{L}{L_1} = \frac{L_1 - l}{L_1} \tag{11.14}$$

由式（11.11）～式（11.13）可以得到畸变图像坐标系 x' 和理想图像坐标系 x 之间的转换关系为

$$x' = x\frac{f_x \cos\beta}{f_x \cos\beta + y\sin\beta} \tag{11.15}$$

由式（11.13）和式（11.15）得到相应的理想图像和畸变图像之间的坐标关系为

$$y = \frac{f_y y' \cos\beta}{f_y - y'\sin\beta} \tag{11.16}$$

$$x = \frac{f_x x'}{f_x - y'\sin\beta} \tag{11.17}$$

利用图像处理的方法对畸变图像进行校正，从而恢复图像的信息。图 11.4（a）是光学系统几何成像图，从理想图像中的 x' 和 y'出发，利用以上推导的式（11.16）和式（11.17）可以得出与畸变图像像素相对应的校正后的像素坐标 x 和 y，然后利用双线性插值法的方法将原畸变图像的灰度值进行算法处理，从而得到与之相对应的理想校正图像。将所有的畸变图像像素通过插值算法处理，得到选定区域的所有理想像素的灰度等级，并进行赋值，从而得到透视畸变校正的理想图像，如图 11.4（b）所示。

（a）原图

（b）校正效果图

图 11.4　手机相机成像的校正对比

透视坐标变换原理的式（11.16）和式（11.17）可得到校正后理想图像的坐标和相关的灰度值，获取新的灰度图像。因误差因素影响，理想图像中坐标(x', y')

经过相关的算法转换得到数值并非对应图像的整数像素值，为提高图像校正精确度，需对得到的畸变图像坐标进行插值运算处理，获取非整数像素灰度值。基于本章图像感兴趣区域选取的基础上，结合运算精度和速度，本节选用双线性插值法进行灰度插值运算。

11.3　立木树高测量模型

基于 Android 智能手机设备，结合光学系统成像模型和图像移位视差法，建立立木树高测量模型示意图如图 11.5 所示。OP 为设备离开地面的距离，直线 OM 为相机拍摄的光轴线，OA_1 为视线，$\angle MOA_1=(1/2)\alpha$（α 为视场角）。因为设备 FG 和光轴 OM 垂直、OP 和 ON 垂直，所以$\angle GOM$ 和$\angle PON$ 都为直角。因$\angle POG+\angle GON=90°$，$\angle NOM+\angle GPN=90°$，所以$\angle POG=\angle NOM=\theta$（手机重力传感器获取的手机倾斜角）。目标距离 L 即 PA_1 数据为实际测量获取，立木实际高度为 A_1A_3，AA_2 为理想情况下立木树高（立木于拍摄设备相互平行共同垂直于光轴情况），并且 $AA_2//FG//y'y''$。

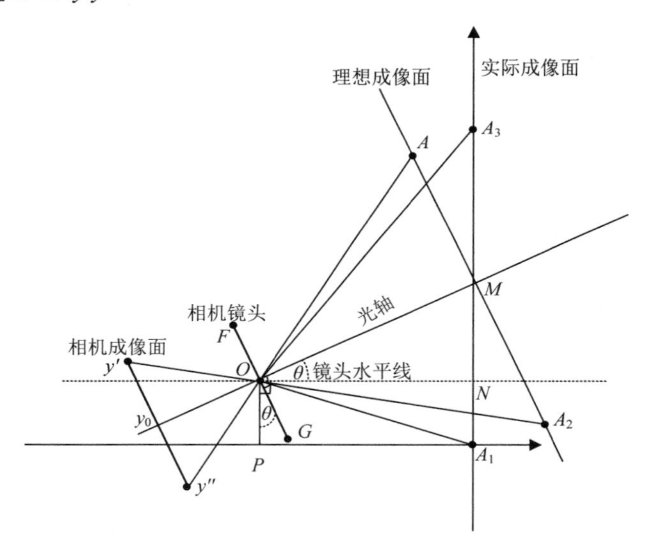

图 11.5　立木树高测量模型示意图

对立木图像进行校正后，从实际图像 A_1A_3 转变为在垂直于光轴的理想物面上进行成像，得 AA_2，所以 $AA_2=A_1A_3$。立木图像 AA_2 经过相机成像原理在成像面上形成图像 $y'y''$，分别与光轴 OM 垂直于点 y_0 和点 M，$Oy_0=f_y$（手机垂直方向上的焦距，单位为像素）。其中光轴与理想物面和实际物面的交点都为点 O，$AA_2=A_1A_3$，所以 $AM=A_3M$、$A_1M=A_2M$。因 A_1A_3 为所求立木树高，即立木树高 $H=A_1A_3$。

$$\frac{y'y''}{f_y}=\frac{A_1A_3}{OM} \tag{11.18}$$

式中，f_y 已知由相机标定所得参数获取；$y'y''$为图像中立木轮廓最高点到图像底部的像素差值，单位为像素。

$$ON=PA_1 \tag{11.19}$$

$$OM=ON\cos\theta \tag{11.20}$$

$$OM=PA_1\cos\theta \tag{11.21}$$

$$H=A_1A_3 \tag{11.22}$$

由式（11.18）和式（11.22）可得立木树高计算式（11.23），即

$$H=\frac{y'y''PA_1\cos\theta}{f_y} \tag{11.23}$$

11.4　实验验证与分析

在本章实验中验证使用的客户端测试手机是小米手机（MI 2S），Android 版本为 4.1.2，通过 Java 语言和 C++语言结合进行项目功能的开发。

立木图形的校正过程如图 11.6 所示，根据图 11.4 所示的校正图像，以上立木树高测量方法可实现立木树高测量。

（a）原图　　（b）算法测量

图 11.6　立木图形的校正过程

在校园林区内随机选取 12 棵样本进行立木树高的测量，对本章算法进行实验验证。选用改进的布鲁莱斯测高器和皮尺对 12 棵立木进行树高测量。考虑树高测量时的外部因素，布鲁莱斯测高器水平距离均选用 15m 进行测量，皮尺测量用梯子爬到树上进行测量，每一棵样本树都用两种测量仪器进行 3 次测量，选取平均值作为立木的树高真值。然后利用校准的实验手机对这 12 棵立木进行测量，利用皮尺获取实际立木目标距离 L 为 5m，每棵立木在拍摄点距离固定不变的情况下，

对立木进行拍摄测量，测量时应保持立木和测量人员处于同一水平面。测量结果如表 11.1 所示，可知测量结果的最大误差为 6.45%。

表 11.1　树高实验测量数据

样本号	真值/m	测量值/m	相对误差/%	样本号	真值/m	测量值/m	相对误差/%
1	2.7	2.664	−3.92	7	5.6	5.829	4.09
2	3.1	2.975	−4.03	8	5.9	6.172	4.61
3	3.6	3.553	−1.31	9	6.3	6.561	4.14
4	4.1	3.938	−3.95	10	6.6	6.976	5.70
5	4.4	4.515	2.61	11	6.9	7.331	6.25
6	4.7	4.775	1.6	12	7.1	7.556	6.42

注：样本的目标距离是通过实际皮尺进行测量获取的。

综上所述，利用本章的立木树高测量方法进行实验验证发现，实验测量满足精准林业和数字林业的资源调查要求。

11.5　本 章 小 结

本章研究结合图像处理技术、单目视觉测量技术、近景摄影测量技术和光学成像原理，提出一种利用智能终端设备采集单幅立木图像自动测量立木树高的方法。经验证，该方法进行立木树高测量的精度误差小于 6.5%，满足国家森林资源连续清查的精度要求。

该方法与现有的智能终端的 Android 平台的测树方法相比，采用了图像处理中的图像视觉显著性增强、感兴趣区域选取及图像校正等技术，校正了因拍摄仪器和操作方式产生的图像畸变，提高了测量精度和测量的鲁棒性；将计算机视觉技术应用于林业资源调查工作，在实现立木树高快速测量的同时，获取并保存了立木图像信息，为林业提供了直观可视的存档资料，方便后续复查。与传统双目摄影测量的测树方法比较，该方法采用单目视觉测量技术，设备成本低廉、体积小，数据结果采集过程简单、数据处理便捷；采用普适率高的智能终端手机代替专业测量工具，将操作步骤简单化，易于非专业人士使用和推广林业知识。由于时间和实验条件限制，本章测量方法目前只涉及立木树高测量，后续可扩展到立木其他因子的尺寸测量。

第12章　基于灭点原理的多株立木树高测量方法

立木树高测量分为接触性测量和非接触性测量（冯仲科等，2001）。目前，测量树高的仪器（徐伟恒等，2014）主要有布鲁莱斯测高器、电子经纬仪（曹忠等，2015；梁长秀等，2005）、全站仪（赵芳等，2014；于东海等，2016）等，但是这些测量仪器存在操作复杂、不易携带、成本较高等问题。目前国内外学者针对以上问题，基于近景摄影测量原理（徐伟恒等，2017；张园等，2011；杨全月等，2017）研究立木树高测量方法，开发出一系列软、硬件系统和算法、模型。多株立木树高测量一般基于航空遥感影像（王佳等，2011；付卓新等，2015；李明泽等，2009）进行模型构建。近年来随着智能手机快速发展，许多学者基于智能移动设备和 Android 平台开发了测树软件，李亚东等（2016）基于 Android 手机传感器，实现林木单株树高测量；周玉晨等（2017）设计开发了基于 Android 的角规测树及数据处理软件；周克瑜等（2016）基于 Android 平台设计了立木树高和胸径测量系统。这些软件和方法在测量树高时都基于三角函数原理。

本章在分析现有立木树高测量方法优点和不足的基础上，提出一种基于智能手机的单目视觉系统多株立木树高测量方法。通过对手机相机棋盘格角点检测方法和张正友（2000）标定进行非线性畸变校正与标定，用标定手机相机采集单幅多株立木图像，对立木图像进行特征点提取，通过灭点算法等计算设置标定物的立木（简称为设标立木）高度，利用待测立木成像与纵坐标像素、相机拍照角度之间的映射关系建立多株立木深度信息的提取模型，并得到待测立木深度信息距离；最后结合设标立木树高和获取的待测多株立木深度信息建立多株立木测量模型，实现多株立木的树高测量。

12.1　立木图像处理与识别

立木图像处理与识别主要包括图像非线性畸变校正、标定物特征点检测、立木轮廓垂直最值点识别等。

12.1.1　图像非线性畸变校正

立木图像在世界坐标系中的坐标 $P_i=(X_i, Y_i, Z_i)$，其在图像中像素点的坐标表示为 P_i，根据已知立木图像空间坐标系、相机内参 $\boldsymbol{M}$ 与目标物体相机坐标系的位置关系，可得世界坐标集和相机坐标之间的旋转矩阵 $\boldsymbol{R}$ 和平移矩阵 $\boldsymbol{T}$，从而求得特

征点在图像像素坐标系中相应的图像点坐标值。根据光学成像原理和智能手机相机针孔模型可得

$$Z_c\begin{bmatrix}u_i\\v_i\\1\end{bmatrix}=\begin{bmatrix}a_x&0&u_0\\0&a_y&v_0\\0&0&1\end{bmatrix}\begin{bmatrix}\boldsymbol{R}&\boldsymbol{T}\\\boldsymbol{O}&1\end{bmatrix}\begin{bmatrix}X_i\\Y_i\\Z_i\\1\end{bmatrix} \tag{12.1}$$

式中，$a_x=f/d_x$，图像坐标系下 u 轴归一化焦距，$a_y=f/d_y$，图像坐标系下 v 轴归一化焦距；d_x、d_y 分别表示传感器 u 轴和 v 轴上单位像素的尺寸大小。

实际的工艺制作问题可能导致实际镜头的光学成像模型不是理想的小孔成像模型，因此空间图像点实际坐标值偏离小孔成像模型计算出的坐标值。采用张正友（2000）标定方法，各方向采集尺寸和形状已知的棋盘格标定物，利用标定物内角点 Harris 与采集图像标定物对应点之间的对应关系建立数学模型，通过数学模型标定获取智能移动设备手机相机的内外参数。假设实际图像点坐标值为 $P_i'(u_i',v_i')$，理论计算值为 $P_i(u_i, v_i)$，两者之间的关系表示为

$$\begin{cases}u_i'=u_i+\Delta u\\v_i'=v_i+\Delta v\end{cases} \tag{12.2}$$

式中，$\Delta u=a_x x_{nd}$、$\Delta v=a_y y_{nd}$ 为非线性畸变值，$[x_{nd}\quad y_{nd,}\quad 1]^{\mathrm{T}}$ 为 p_i 空间向量坐标系下归一化带畸变的投影点坐标；u_i 和 v_i 为理论图像坐标值；u_i'和 v_i'为实际图像坐标值，即

$$\begin{cases}x_{nd}=x_n+k_1x_nr^2+k_2x_nr^4+p_1(3x_n^2+y_n^2)+2p_2x_ny_n+s_1r^2\\y_{nd}=y_n+k_1x_nr^2+k_2x_nr^4+p_1(3x_n^2+y_n^2)+2p_1x_ny_n+s_2r^2\end{cases} \tag{12.3}$$

$$r=\sqrt{x_n^2+y_n^2} \tag{12.4}$$

式中，k_1、k_2 为径向畸变参数；p_1、p_2 为切向畸变参数；s_1、s_2 为薄棱镜畸变参数。

12.1.2 标定物特征点检测

将矩形标定物放置在相机视野范围内的任意一株待测立木平面内（简称为参考平面），利用移动设备相机获得待测立木的数字图像。为了提高模型精度，减小图像处理误差对模型构建和验证造成的影响，标定物特征点检测是立木树高测量模型的基础和关键。对图像进行分割和边缘检测处理，获取标定物图像。利用 Hough 变换原理计算矩形边界在图像坐标系中的直线方程，通过标定物中黑色长方形与白色部分 4 边颜色阈值突变获取标定物的 4 个特征点和特征点像在像素坐标系中的坐标值，如图 12.1 所示。

彩图 12.1

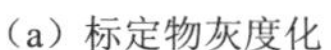

（a）标定物灰度化　　（b）标定物二值化　　（c）特征点识别

图 12.1　标定物特征点识别

12.1.3　立木轮廓垂直最值点识别

手机相机采集图像的过程中，因外界干扰导致采集图像进行变换处理的过程中图像产生局部噪声。这些噪声会影响对后续图像中待测立木轮廓识别提取和立木垂直最值点识别的准确性，所以需对校正图像进行补偿处理。

根据图像显著性分析法对校正图像进行处理，利用分析图调整 HSV 空间特征分量和 RGB 颜色空间分布增加颜色的对比度和图像亮度。根据 RGB 色彩模式定义，按 R、G、B 这 3 个颜色通道进行分离，分别得到单通道图像 IR、IG、IB，将图像中像素点的 3 个单颜色通道灰度矩阵为$[g_R \quad g_G \quad g_B]$，其中，$g_R$、$g_G$、$g_B$ 分别为 R、G、B 通道的灰度值。为了增强立木图像，通过高斯滤波的方式突出图像中的低频部分，降低图像中的高频部分，提高图像的信噪比，降低图像中的噪声。将去噪图像进行二值化处理，然后进行腐蚀、膨胀操作，去除孔洞。本章选取的高斯滤波函数模板为

$$G(x,y)=\frac{1}{2\pi\sigma^2}\mathrm{e}^{-x^2/2\sigma^2} \tag{12.5}$$

图像部分处理后进行立木边缘检测和立木轮廓边缘点识别，本章采用 Canny 算子进行检测运算。Canny 算子相较于其他算子有良好的抗噪性，能够产生边缘梯度强度和方向两个信息。这样判断可以降低将非边缘点判为边缘点的概率和将边缘点判为非边缘点的概率，将单一边缘具有唯一响应和最大程度抑制为虚假边缘的响应。

通过图像轮廓提取和边缘检测处理，以 Lab 颜色空间为图像特征，计算各颜色通道(L、a、b)上每个像素点(x，y)与整幅图像的平均色差并取平方；然后将这 3 个通道的值相加作为该像素的显著性值。采用大小为 3×3 的算子对图像进行卷积运算，得到一次下采样图，并构建高斯金字塔，对图像进行多次高斯平滑处理，

最终得到高频信息。提取图像的 H 通道分量，通过对比度受限自适应直方图均衡化调整，增强图像中立木树干部分的颜色对比度和树冠部分的颜色对比度，捕获立木树干与绿色系背景之间的细节差异和立木树冠与蓝白色背景之间的细节差异。将捕获的树冠细节差异在 y 轴方向的最小值与边缘检测获取树冠在 y 轴方向阈值突变点的最小值进行均衡化处理，得到图像在 y 轴方向差异点的像素最小值作为立木树冠顶点 $T_{min\text{-}Y}$（x_1, y_{min}）；将捕获的立木树干与底部背景之间细节差异在 y 轴方向的最大值与边界检测获取树木底部在 y 轴方向的最大值进行均衡化处理，得到图像在 y 轴方向差异点的像素最大值 $T_{max\text{-}Y}(x_2, y_{max})$ 作为立木底端点，如图 12.2 所示。

彩图 12.2

（a）多株立木原图

（b）噪声处理

（c）立木树冠处理

（d）立木底端处理

（e）边缘检测

图 12.2　立木垂直最值点识别

12.2 多株立木树高测量方法

利用手机相机采集图像进行多株立木树高测量，根据灭点原理获取设标立木树高信息和图像中获取的待测立木深度信息，建立多株立木树高测量模型。选一株待测立木设置为设标立木，结合图像预处理技术建立参考平面与相机之间的空间关系，获取立木树高测量模型；根据小孔成像原理，结合相机旋转角度和相机拍摄高度，建立立木深度信息测量模型；根据相机成像和三角函数原理，在已知深度信息和设标立木树高的情况下，结合图像中的待测立木像和待测立木平移虚拟像，实现多株立木树高测量。

12.2.1 设标立木树高测量

手机相机采集立木图像的过程为，建立空间坐标系(x_w, y_w, z_w)和相机坐标系(x_c, y_c, z_c)，z_c为光轴方向，让空间坐标系与相机坐标系重合。图像坐标系（x, y）原点 O 位于图像中心，且在像素坐标系（u,v）中坐标值为（u_0, v_0）。设标定物所在平面 w 为参考平面，在相机坐标系中的 P 点坐标为（x_c, y_c, z_c），在图像坐标系中 $P'(x, y)$，可得两者之间满足

$$z_c\begin{bmatrix}x\\y\\1\end{bmatrix}=\boldsymbol{K}\begin{bmatrix}x_c\\y_c\\z_c\\1\end{bmatrix}=\begin{bmatrix}f_x&0&u_0\\0&f_y&v_0\\0&0&1\end{bmatrix}\begin{bmatrix}x_c\\y_c\\z_c\\1\end{bmatrix}\tag{12.6}$$

式中，$\boldsymbol{K}$ 为相机内部参数矩阵；f_x、f_y 为 x 和 y 方向上对应的焦距。

基于参考平面的建立，标定物图像的 4 个特征点记为 P_1、P_2、P_3、P_4，根据 12.1.2 小节获取特征点在图像平面中形成的像素坐标点分别为 P_{I1}、P_{I2}、P_{I3}、P_{I4}，如图 12.3 所示。因拍摄图像产生透视畸变，$P_{I1}P_{I2}$ 与 $P_{I3}P_{I4}$ 不平行且在延长线上相交记为点 M_1，同理可得 $P_{I1}P_{I4}$ 与 $P_{I2}P_{I3}$ 延长线上交点记为 M_2。基于小孔成像原理和光学成像原理，灭点和相机光心两点之间的连线平行于该灭点形成的空间平行线，即 $O_cM_1//P_1P_2$，$O_cM_2//P_2P_3$。

在像素坐标系中 P_{I1} 点坐标为（u_1, v_1），同理有 P_{I2}（u_2, v_2）、P_{I3}（u_3, v_3）和 P_{I4}（u_4, v_4），计算的灭点坐标 M_1（u_{m1}, v_{m1}）、M_2（u_{m2}, v_{m2}），在相机坐标系中灭点坐标为 M_1（x_{m1}, y_{m1}, z_{m1}）、M_2（x_{m2}, y_{m2}, z_{m2}）。经归一化处理，在相机坐标系中计算两个灭点对应的空间连线 O_cM_1 和 O_cM_2 对应的单位方向向量为 $\boldsymbol{V}_1$ 和 $\boldsymbol{V}_2$。因 $O_cM_1//P_1P_2$、$O_cM_2//P_2P_3$，在相机坐标系中标定物相邻两边的单位方向向量为 $\boldsymbol{V}_1$ 和 $\boldsymbol{V}_2$，由式（12.6）可得标定参考平面在相机中的单位法向量 $\boldsymbol{V}_p$ 为

$$\boldsymbol{V}_p=\boldsymbol{V}_1\times\boldsymbol{V}_2\tag{12.7}$$

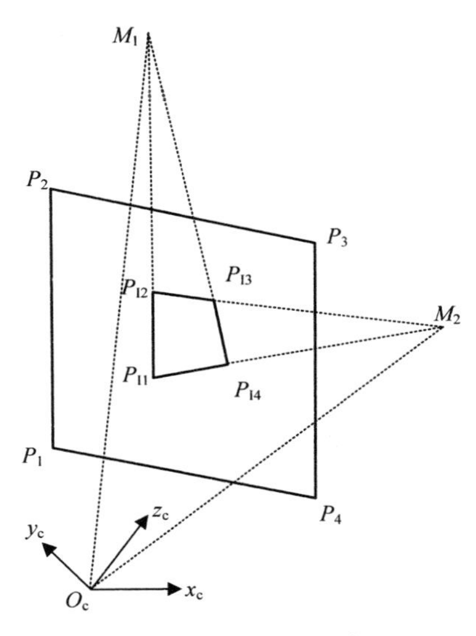

图 12.3　灭点形成原理

已知矩形标定物 $P_1P_2P_3P_4$ 的长为 L、宽为 H，且在相机坐标系中坐标点 P_1、P_2、P_3、P_4 的关系如式（12.8）所示。4 个点在相机坐标系和像素坐标系中存在关系，如式（12.9）所示。利用最小二乘法原理，联立式（12.8）和式（12.9），计算获取坐标点 $P_1(x_1, y_1, z_1)$和其他 3 个坐标点 P_2、P_3、P_4 的值。

$$\begin{cases} \begin{bmatrix} x_2 \\ y_2 \\ z_2 \end{bmatrix} = \begin{bmatrix} x_1 \\ y_1 \\ z_1 \end{bmatrix} + H \begin{bmatrix} v_{x2} \\ v_{y2} \\ v_{z2} \end{bmatrix} \\ \begin{bmatrix} x_3 \\ y_3 \\ z_3 \end{bmatrix} = \begin{bmatrix} x_1 \\ y_1 \\ z_1 \end{bmatrix} + H \begin{bmatrix} v_{x2} \\ v_{y2} \\ v_{z2} \end{bmatrix} + L \begin{bmatrix} v_{x1} \\ v_{y1} \\ v_{z1} \end{bmatrix} \\ \begin{bmatrix} x_4 \\ y_4 \\ z_4 \end{bmatrix} = \begin{bmatrix} x_1 \\ y_1 \\ z_1 \end{bmatrix} + L \begin{bmatrix} v_{x1} \\ v_{y1} \\ v_{z1} \end{bmatrix} \end{cases} \tag{12.8}$$

$$z_i \begin{bmatrix} u_i \\ v_i \\ 1 \end{bmatrix} = \boldsymbol{K} \begin{bmatrix} x_i \\ y_i \\ z_i \end{bmatrix}, \ (i = 1, 2, 3, 4) \tag{12.9}$$

利用在相机坐标系中坐标点 P_1 在标定参考平面的坐标和标定参考平面在相机坐标系中的单位法向量，得到参考平面在相机坐标系中的平面方程，即

$$Ax + By + Cz + D = 0 \tag{12.10}$$

式中，A、B、C、D 为平面方程的特征系数。

根据 12.1.3 小节获取图像中立木轮廓垂直最值点为 t_1、t_2，在相机坐标系中的坐

标为(x_{t1}, y_{t1}, z_{t1})和(x_{t2}, y_{t2}, z_{t2})，在图像平面的像为t_1'和t_2'，在像素坐标系中的坐标为（u_{t1}, v_{t1}）和（u_{t2}, v_{t2}）。利用灭点在相机坐标系中的坐标，计算获取直线$O_c t_1$和直线$O_c t_2$在相机坐标系中的直线方程（即相机坐标系中点t_1、t_2对应的极线方程）为

$$\begin{cases} \dfrac{x_{ti}}{z_{t1}} = \dfrac{u_{ti} - u_0}{ax} \\ \dfrac{y_{ti}}{z_{ti}} = \dfrac{v_{ti} - v_0}{ay} \end{cases} \quad i = 1, 2 \tag{12.11}$$

将式(12.11)中的直线$O_c t_1$和直线$O_c t_2$方程与参考平面方程式(12.10)联立，得到设标立木轮廓垂直最值点 t_1、t_2 在相机坐标系中坐标值(x_{t1}, y_{t1}, z_{t1})和(x_{t2}, y_{t2}, z_{t2})，计算获取设标立木树高$|t_1 t_2|$，即

$$\left|\overline{t_1 t_2}\right| = \sqrt{(x_{t2} - x_{t1})^2 + (y_{t2} - y_{t1})^2 + (z_{t2} - z_{t1})^2} \tag{12.12}$$

12.2.2　多株立木树高测量

多株立木树高测量包括深度信息提取模型和多株立木树高测量模型等。

1. 深度信息提取模型

利用手机相机采集立木图像并进行深度信息测量，是为了确定对应点在针孔模型各坐标系之间的投影转换关系，需要引入张正友标定法获取移动设备相机参数，构建深度信息提取模型。根据已知移动设备相机参数和相机旋转角度，物体被拍摄图像纵坐标像素值与成像角度均呈极显著负线性相关关系，且该关系的斜率 a 与截距 b 满足

$$\alpha = F(v, \beta) = av + b \tag{12.13}$$

式中，β 为相机旋转角度，且参数 a、b 均与相机旋转角度 β 有关；v 为移动设备相机 CMOS 图像传感器纵坐标像素值。

当被拍摄待测立木投影到图片最底端时，有 $\alpha = \alpha_{\min} = 90° - \theta - \beta$，$v = v_{\max}$（$v_{\max}$为手机相机 CMOS 图像传感器列坐标有效像素数值），将其代入式（12.14）可得

$$90 - \beta - \theta = av_{\max} + b \tag{12.14}$$

因测量人员利用智能移动设备相机采集立木图像时需进行仰角拍摄，手机相机拍摄视角高于水平线，θ 为一半的相机垂直视场角，即 $\theta > \beta$，地平面无限远处，α 为相机成像角度，α 无限接近于 90°，此时 v 无限趋近于 $v_0 - \tan\beta \cdot f_y$，$f_y$ 为像素单位下相机的焦距，代入式（12.13）可得

$$90 = a(v_0 - \tan\beta \cdot f_y) + b \tag{12.15}$$

根据小孔成像原理可以将物理单位和像素单位进行相互转化，相机垂直视场角 θ 获取式为

$$\theta = \arctan\frac{L_{\text{CMOS}}}{2f} = \arctan\frac{v_{\max}}{2f_y} \tag{12.16}$$

式中，θ 为相机垂直视场角；L_{CMOS} 为移动设备手机相机传感器边长；f 为相机焦距。

因此，结合相机光学畸变值、相机拍摄高度和物体实际成像角度，建立深度信息提取模型，即

$$F(v,\beta)=\alpha=-\frac{\arctan\dfrac{v_{\max}}{2f_y}+\beta}{v_{\max}-v_0+\tan\beta\cdot f_y}v+90+\frac{(v_0-\tan\beta\cdot f_y)\left(\arctan\dfrac{v_{\max}}{2f_y}+\beta\right)}{v_{\max}-v_0+\tan\beta f_y} \quad (12.17)$$

$$D=h_{\mathrm{c}}\tan\alpha=h_{\mathrm{c}}\tan\left(-\frac{\arctan\dfrac{v_{\max}}{2f_y}+\beta}{v_{\max}-v_0+\tan\beta\cdot f_y}v+90+\frac{(v_0-\tan\beta\cdot f_y)\left(\arctan\dfrac{v_{\max}}{2f_y}+\beta\right)}{v_{\max}-v_0+\tan\beta\cdot f_y}\right) \quad (12.18)$$

式中，D 为获取的立木深度信息；h_{c} 为相机拍摄高度值。

2. 多株立木树高测量模型

利用手机相机进行多株立木树高测量时，拍摄场景基于地面平整且没有坡度，为获取整株立木图像需进行仰角拍摄，使成像面不与地面垂直，产生手机倾斜角 β（倾斜角 β 由相机内部重力传感器获取），手机距离地面实际物理距离为 h_{c}，平面 γ 为成像平面关于相机光心的对称平面（简称图像平面 γ）。在相机光学畸变校正的情况下，待测立木 Tree*A* 水平方向在光轴形成虚拟立木 *A*。虚拟立木 *A* 和待测立木 Tree*A* 在成像面中形成大小完全一致的像，且两者成平移关系，待测立木 Tree*B* 和虚拟立木 *B* 同上，如图 12.4 所示。

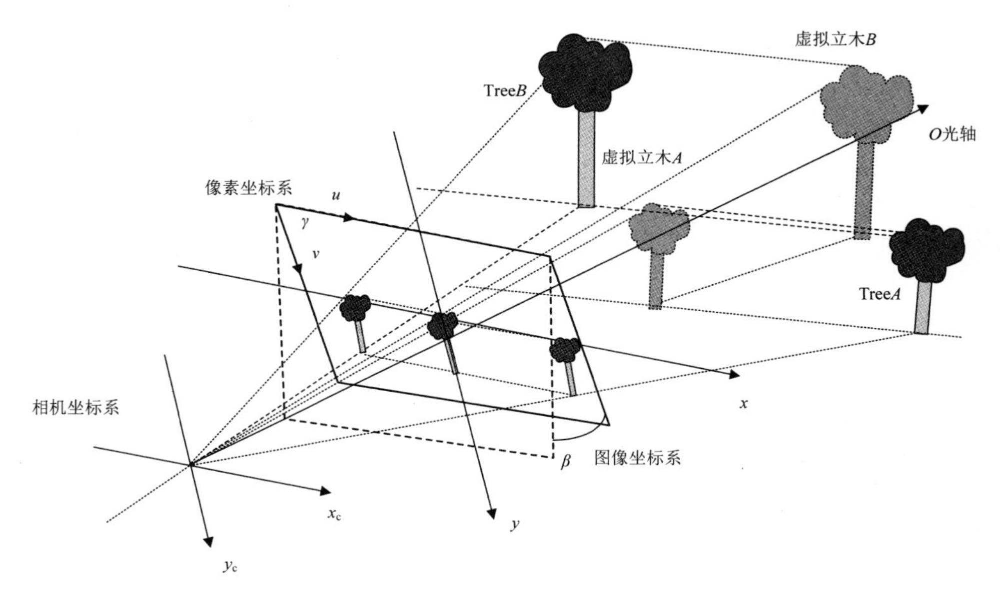

图 12.4　待测立木和立木成像在光轴方向虚拟成像图

基于小孔成像原理和图像的预处理，将待测立木和立木成像平移到光轴方向形成虚拟像，此时虚拟的待测立木和成像平面在二维世界坐标系中的关系如图 12.5 所示。根据光学成像原理，光轴方向虚拟立木 Tree$A$ 和 Tree$B$（设为立木 O_AO_a、O_BO_b）投影在相机成像面中成像为 u_Au_a、u_Bu_b，且最高点在相机成像面中坐标点为 u_A（x_A, y_A）、u_B（x_B, y_B）。在像 u_Bu_b 中，点 u_{AB} 与坐标点 u_A 完全重合，将点 u_A（x_A, y_A）代入 12.2.1 小节设标立木树高测量模型可以计算高度 $O_{AB}O_b$，同理像 u_Au_a 在 y 轴延长方向上可以找到点 u_{ab} 与坐标点 u_B 完全重合，将 u_B（x_B, y_B）代入设标立木树高测量模型可以计算高度 $O_{ab}O_a$。

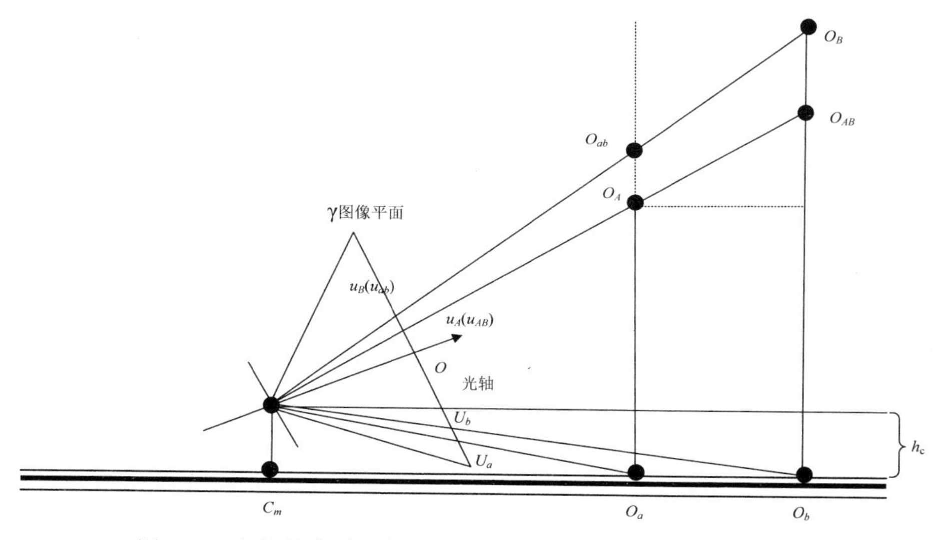

图 12.5　虚拟的待测立木和成像平面在二维世界坐标系中的关系

当设置较远立木 Tree$B$ 为设标立木时，立木在光轴方向虚拟投影 O_BO_b，已知设标立木实际高度 $H_{tB}=O_BO_b$，可求待测多株立木距离手机相机的深度距离，即 $D_A=C_mO_a$ 和 $D_B=C_mO_b$。基于相似三角形原理，已知相机拍摄高度 h_c，可以计算得到立木 Tree$A$ 虚拟投影高度 O_AO_a（即立木 Tree$A$ 测量高度）为

$$\frac{C_mO_a}{C_mO_b}=\frac{O_AO_a-h_c}{O_{AB}O_b-h_c} \tag{12.19}$$

$$H_{tA}=O_AO_a=\frac{D_A}{D_B}(O_{AB}O_b-h_c)+h_c \tag{12.20}$$

当设置较近立木 Tree$A$ 为设标立木时，平移虚拟投影 O_AO_a，已知设标立木实际高度 $H_{tA}=O_AO_a$，多株立木距离手机相机的深度距离为 $D_A=C_mO_a$ 和 $D_B=C_mO_b$。基于相似三角形原理，已知相机拍摄高度 h_c，可以计算得到立木 Tree$B$ 虚拟投影高度 O_BO_b（即立木 Tree$B$ 测量高度）为

$$\frac{C_mO_a}{C_mO_b}=\frac{O_{ab}O_a-h_c}{O_BO_b-h_c} \tag{12.21}$$

$$H_{tB}=O_BO_b=\frac{D_B}{D_A}(O_{ab}O_a-h_c)+h_c \tag{12.22}$$

因此，结合式（12.19）～式（12.22），可得多株立木树高测量模型为

$$\begin{cases} H_{tA}=O_AO_a=\dfrac{D_A}{D_B}(O_{AB}O_b-h_c)+h_c \\ H_{tB}=O_BO_b=\dfrac{D_B}{D_A}(O_{ab}O_a-h_c)+h_c \end{cases} \tag{12.23}$$

多株立木树高测量具体方法操作实现如图 12.6 所示。

（a）原图示意

（b） 实际操作

图 12.6　多株立木高度测量具体方法操作实现

彩图 12.6

12.3　实验与验证

为验证方法的可行性及精度，选取小米手机（MI 2S）为测试手机，Android 版本为 4.1.2。本研究在 Android 系统平台上，利用 Java 语言结合 C++语言，按照上述方法编写程序并调试后，使用小米手机相机作为图片采集设备在自然环境下进行精度验证。相机拍摄高度为测量拍摄所用三脚架高度，相机测量角度 α 由内嵌系统获取手机重力传感器获取，经相机标定计算可得 MI 2S 手机相机内部参数为：f_x = 3486.5637，u_0 = 1569.0383，f_y = 3497.4652，v_0=2107.98988，图像分辨率为 3120 像素×4208 像素。

为了验证本章方法在真实场景应用中树高非接触性测量的精度和实时性，实验在校园林区内拍摄 7 幅图片，每张图像中包含 2 株或 3 株立木，共 20 株立木，

在已经识别的立木轮廓垂直最值点的基础上，验证立木树高测量精度。在没有坡度的地面拍摄样本立木，选取立木处于同一水平地面。实验测量结果如表 12.1 所示。

表 12.1 待测立木树高测量精度

样本	待测立木	立木状态	树高真值/cm	树高测量值/cm	绝对误差/cm	相对误差/%
1	Tree1	设标立木	516	525.54	-9.24	1.79
	Tree2		290	301.48	-11.48	3.96
	Tree3		460	447.21	12.79	2.76
2	Tree4	设标立木	580	607.12	-27.12	4.67
	Tree5		456	461.96	-5.96	1.31
	Tree6		440	451.24	-11.24	2.55
3	Tree7	设标立木	310	318.45	-8.45	2.75
	Tree8		260	266.57	-6.57	2.53
	Tree9		370	380.16	-10.16	2.74
4	Tree10	设标立木	386	388.15	-2.15	0.56
	Tree11		476	489.69	-13.69	2.88
	Tree12		610	590.79	19.21	3.15
5	Tree13	设标立木	646	661.24	-15.24	2.36
	Tree14		360	377.54	-17.54	4.87
	Tree15		420	432.89	-12.89	3.07
6	Tree16	设标立木	310	319.21	-9.21	2.97
	Tree17		260	265.49	-5.49	2.11
	Tree18		536	513.92	22.08	4.12
7	Tree19	设标立木	670	691.04	-21.04	3.14
	Tree20		526	549.72	-23.72	4.51

本章立木树高测量方法在距离为 3～10m 范围内平均相对误差为 2.94%，树高测量精度为 95.13%，相对误差不超过 5%，具有较高的测量精度和实时性，可以满足基于移动端的立木树高自动测量系统和森林资源连续清查要求。

12.4 本章小结

本章提出一种基于智能手机的设标立木和深度信息多株立木树高测量方法。该方法利用手机在不同角度采集的棋盘格标定物，引用张正友标定法进行图像非线性畸变校正。利用手机相机采集立木图像通过图像分割等处理方法，获取设标立木标定物特征点和待测立木轮廓垂直最值点在图像坐标系中的位置；根据灭点原理和相机内部参数，建立参考平面在相机坐标系中的平面方程，结合立木轮廓垂直最值点建立设标立木树高测量模型，并进行设标立木树高获取；根据相机成像原理选取特殊成像点的实际成像角度和纵坐标像素值代入线性关系函数，建立相应的立木深度信息提取模型，计算出待测立木的深度信息；然后结合投影几何模型和相机立体成像系统原理，分析设标立木与待测立木深度信息之间的关系，计算待测多株立木轮廓垂直最值点投影像的物理高度，并根据勾股定理实现基于手机相机的多株立木树高非接触性测量。为验证模型精度，本章从真实场景中采集立木图像进行验证，树高测量相对误差小于 5%。与同类文献相比，该方法可以获取图像中多株待测立木树高。同时，该方法引入了设标立木树高测量模型，计算单幅图片上待测立木轮廓垂直最值点到拍摄相机的深度信息，实现了多株立木树高的自动测量。

第 13 章　多株立木树高和冠幅测量方法

立木树高和冠幅是森林资源调查管理中的重要测量因子，可用于评价立地质量与林木生长状况（Mcroberts et al.，2010；史洁青等，2017；Kunstler et al.，2011）。传统的立木树高和冠幅测量方法可通过电子经纬仪、电子全站仪等设备实现，但这些设备不易携带，方法耗时、耗力且效率低（Laar et al.，2007；Baret et al.，2010）。立木树高和冠幅的测量还可以通过研究冠幅与胸径关系、冠幅与树高关系以及树高与胸径关系，建立立木因子生长模型的方法实现（Avsar，2004；Sharma et al.，2017）。然而，由于不同植被的生长状况有所不同，模型的普适性较差，且立木因子生长模型的精度与数据量有关（Araus et al.，2014）。随着遥感、三维激光扫描及计算机视觉等技术的发展，立木因子的测量逐渐向智能化、高精度、高效率方向发展（Stark et al.，2016；Griebel et al.，2015）。李恺等（2013）通过对红掌图像进行分割和轮廓检测，并根据像素信息计算红掌的高度、冠幅及苞片横径等信息，该方法仅适用于小场景植被高度和冠幅的检测，对于远距离树木空间结构信息获取难度较大。周克瑜等（2016）在测量树高时基于三角函数原理，根据已知尺寸标定物进行对比计算，在一定程度上实现了立木树高的快速测量，但是操作复杂、精度不高。

由于基于单目视觉的立木因子被动测量方法大多是单株尺度测量，且需要不同形式的标定物或多张图片实现立木因子测量，本章结合智能手机便携、普适的特点，提出一种基于智能手机的单目视觉多株立木树高和冠幅的被动测量方法。该方法首先采用第 6 章多维特征自适应 Mean-Shift 算法对立木图像进行分割，并通过相机标定获取智能手机相机的内部参数和畸变参数，对图像进行非线性畸变校正；进而建立立木测量坐标系统，计算立木在摄影测量坐标系中的深度值，通过研究各坐标系之间的刚体运动规律，建立多株立木树高和冠幅测量模型，最终实现图像中多株立木树高和冠幅的计算。

13.1　树高和冠幅测量原理

通过移动设备进行图像采集，其投影几何模型如图 13.1 所示。其中，f 为相机焦距，θ 为一半的相机垂直视场角，h_c 为相机拍照高度。这些参数均可通过测量和相机标定的方式获取。相机旋转角 β（相机顺时针方向旋转 β 值为正，逆时针方向旋转 β 值为负）可通过相机内部重力传感器获取，α 为目标物成像角度，γ 为目标立木所在平面的坡度，D 为立木深度值。

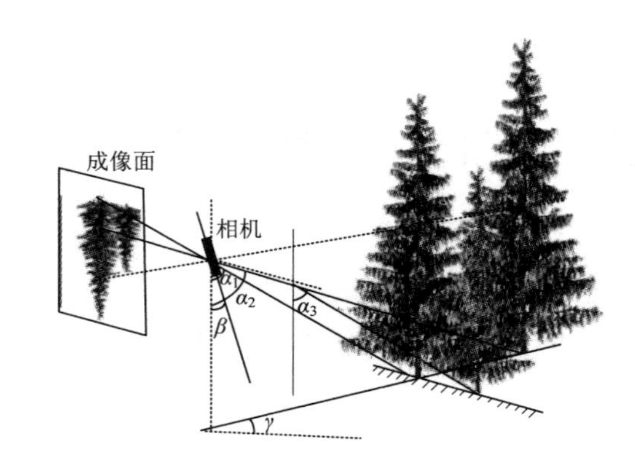

（a）立体投影几何模型

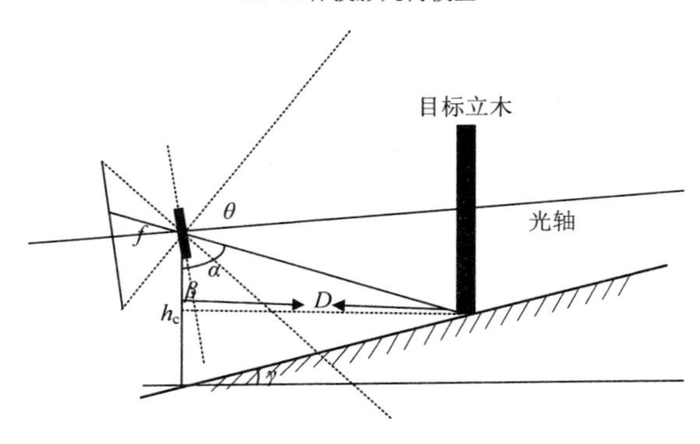

（b）平面投影几何模型

图 13.1　相机拍摄投影几何模型

为实现图像中立木树高和冠幅的自动化测量，本章首先通过智能手机相机进行图像信息采集；基于计算机视觉及图像处理技术，采用多维特征自适应 Mean-Shift 算法对立木图像进行聚类分割，并通过一种改进的带有非线性畸变项的相机标定模型对智能手机相机进行标定，获取相机内部参数和非线性畸变参数，对图像进行非线性畸变校正，从而识别图像中待测立木株数，并获取每株立木各特征点（包括立木底部几何中心点、立木最高点及冠幅测量处像素点）像素值；经实验证明物体成像角度与其纵坐标像素值之间成极显著负线性相关关系，根据该线性关系原理选取特殊共轭点的像素值和成像角度代入抽象函数，从而建立适用于不同相机的深度提取模型，将相机内部参数和待测立木底部几何中心点像素值代入该模型，可计算出待测立木在摄影测量坐标系中的深度值；根据图像中可测量的立木株数及立木几何分布特点建立立木测量坐标系统，结合针孔相机成像中各坐标系之间的转换关系原理，确定摄影测量坐标系到像空间坐标系的平移矩阵和旋转矩阵，以及物方空间坐标系到摄影测量坐标系的平移矩阵和旋转矩阵，从而分别建立多株立木树高和冠幅测量模型。最后，将特征点像素值代入模型，实现图像中多株立木树高和冠幅的测算。多株立木树高和冠幅测量方法的技术路线如图 13.2 所示。

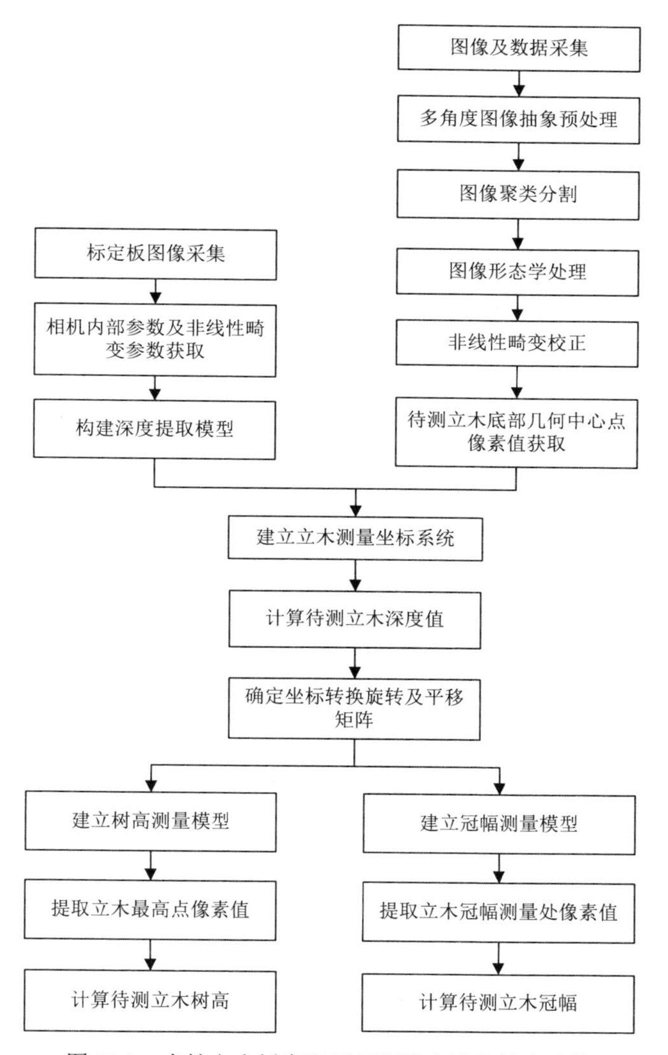

图 13.2　多株立木树高和冠幅测量方法的技术路线

13.2　立木轮廓提取

为了实现基于计算机视觉的立木树高和冠幅的被动测量，本节对立木图像进行分割，以帮助获取立木底部几何中心点、立木最高点及冠幅测量处各特征点像素坐标值。

本章以自然环境中的待测立木图像为研究对象，采用一种多维特征自适应Mean-Shift 算法对立木图像进行分割，该算法首先从多角度对立木图像进行模糊平滑处理，得到立木图像抽象显著图；进而结合空间、颜色、纹理特征确定聚类算法最佳带宽和核函数参数，实现图像聚类；最后对图像进行二值化和数学形态学处理，最终实现立木图像分割。

图像抽象包括双边滤波和图像金字塔处理两部分。首先通过双边滤波对图像进行平滑处理，可以减少复杂背景、树干和枝叶纹理等噪声的影响。利用图像金字塔方法对图像做进一步模糊平滑处理，首先采用高斯内核卷积进行图像的高斯平滑处理，得到下采样图像，这既能保证立木的低通滤波性质，又可以保持图像缩扩后的亮度平滑，从而减少立木枝叶间的空隙，平滑树冠纹理；然后对下采样图像进行向上重建恢复分辨率大小，进一步抽象立木，最终得到多角度立木图像抽象显著图，如图 13.3（b）所示。

采用 Mean-Shift 算法对图像进行聚类，其迭代过程中带宽对图像分割质量、算法的收敛速度和准确性有较大的影响，因此，本章根据立木图像特征，选取位置、颜色、纹理三类特征向量估计相应特征带宽。其中，空间带宽 h_{s} 与像素点的空间坐标有关，空间带宽的大小不仅影响图像的误分割率，而且会通过迭代次数影响算法运行速度；将图像 RGB 颜色空间转换到 HSI 颜色空间，在此空间引入对自然环境中立木的显著性描述，使之成为识别目标的特征之一，其中 I 亮度分量可以有效减少光照对图像聚类的影响，然后采用插入规则法（周家香等，2012）获取自适应颜色带宽 h_{r}。另外，在聚类过程中加入纹理特征，采用灰度共生矩阵法通过对比度、能量、逆差矩 3 个常用的特征向量计算纹理带宽 h_{t}，提高图像聚类的稳健性。将特征向量进行归一化处理后，采用高斯核函数进行 Mean-Shift 聚类，其核函数为

$$K_{h_{\mathrm{s}},h_{\mathrm{r}},h_{\mathrm{t}}}(x)=\frac{D}{h_{\mathrm{s}}^{2}h_{\mathrm{r}}^{2}h_{\mathrm{t}}^{d}}K\left(\left\|\frac{x^{\mathrm{s}}-x_i^{\mathrm{s}}}{h_{\mathrm{s}}}\right\|^2\right)K\left(\left\|\frac{x^{\mathrm{r}}-x_i^{\mathrm{r}}}{h_{\mathrm{r}}}\right\|^2\right)K\left(\left\|\frac{x^{\mathrm{t}}-x_i^{\mathrm{t}}}{h_{\mathrm{t}}}\right\|^2\right) \tag{13.1}$$

式中，D 为归一化常数；$(x_i^{\mathrm{s}}, x_i^{\mathrm{r}}, x_i^{\mathrm{t}})$ 分别为 x 邻近采样点的位置、颜色和纹理特征向量。因此，多维特征自适应 Mean-Shift 平移向量为

$$m_{h_{\mathrm{s}},h_{\mathrm{r}},h_{\mathrm{t}}}(x)=\frac{\sum_{i=1}^{n}x_i\exp\left(\left\|\frac{x^{\mathrm{s}}-x_i^{\mathrm{s}}}{h_{\mathrm{s}}}\right\|^2\right)\exp\left(\left\|\frac{x^{\mathrm{r}}-x_i^{\mathrm{r}}}{h_{\mathrm{r}}}\right\|^2\right)\exp\left(\left\|\frac{x^{\mathrm{t}}-x_i^{\mathrm{t}}}{h_{\mathrm{t}}}\right\|^2\right)}{\sum_{i=1}^{n}\exp\left(\left\|\frac{x^{\mathrm{s}}-x_i^{\mathrm{s}}}{h_{\mathrm{s}}}\right\|^2\right)\exp\left(\left\|\frac{x^{\mathrm{r}}-x_i^{\mathrm{r}}}{h_{\mathrm{r}}}\right\|^2\right)\exp\left(\left\|\frac{x^{\mathrm{t}}-x_i^{\mathrm{t}}}{h_{\mathrm{t}}}\right\|^2\right)} \tag{13.2}$$

对图像进行聚类得到聚类图如图 13.3（c）所示。

对聚类图进行二值化处理后利用形态学膨胀和腐蚀组合运算达到连接邻近物体和平滑边界的作用，得到目标立木分割结果，如图 13.3（d）所示。

（a）原始图像

（b）图像抽象显著图

（c）图像聚类图

（d）分割结果图

图 13.3　立木轮廓提取结果

彩图 13.3

为了适应智能手机相机镜头组的特点，采用改进的带有非线性畸变项的张正友标定法（Zhang，2000）对相机进行标定，获取相机内部参数和非线性畸变项误差参数。非线性畸变项的引入不仅可以实现对标定板图像的非线性畸变校正以获取更高精度的相机内部参数，而且可通过畸变参数对待测图像进行非线性畸变校正，然后通过双线性内插的方法对矫正后像素值进行插值处理，从而得到矫正后图像，优化深度值和树高、冠幅测量模型精度。

13.3　基于智能手机的多株立木树高和冠幅测量方法

基于智能手机的多株立木树高和冠幅测量方法的实现，首先需要根据立木几何特征及针孔相机成像系统原理建立相应的坐标系，同时根据物体成像时成像角度与其纵坐标像素值之间的映射关系构建深度提取模型，从而确定相机的内外方位元素及各空间坐标系间的转换关系，帮助建立多株立木树高和冠幅测量模型。

13.3.1　建立立木测量坐标系

为建立立木树高、冠幅测量数学模型，定义 5 组坐标系，分别是像平面坐标系、像素坐标系、像空间坐标系、摄影测量坐标系、物方空间坐标系。立木测量坐标系统均属于右手坐标系。在进行实际测量中，需要确定各坐标系之间的相对关系，各坐标系之间的几何关系示意图如图 13.4 所示。

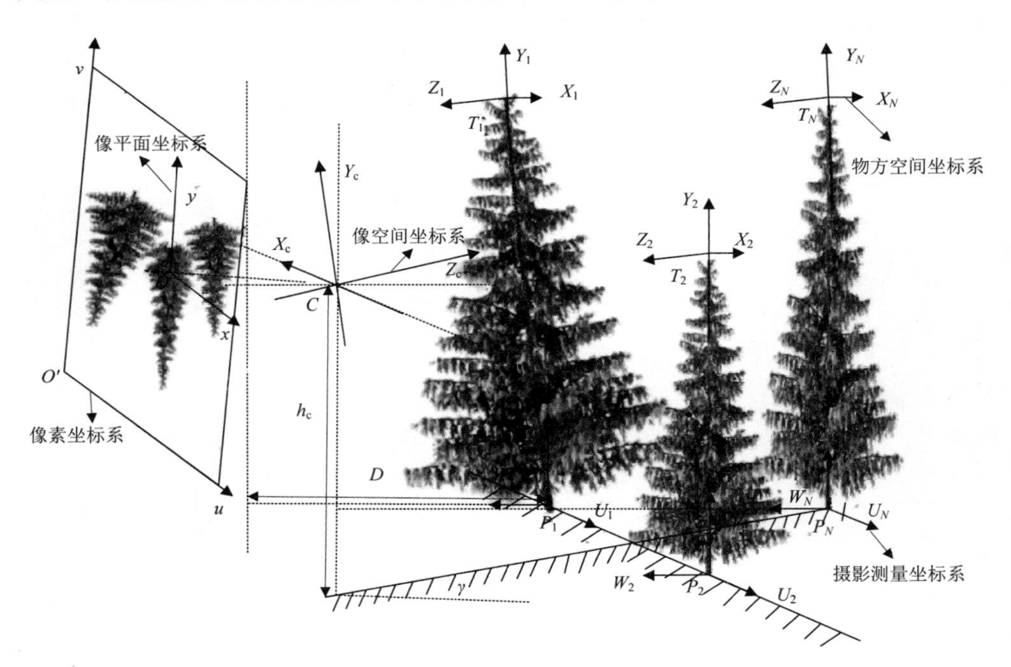

图 13.4　立木测量各坐标系之间的几何关系示意图

以图像平面的左上角或左下角为原点建立像素坐标系 O'-uv，各坐标轴均以像素为单位；像平面坐标系 $O\text{-}xy$ 的原点为图像平面与光轴的交点 O，原点 O 一般位于图像中心处，其在像素坐标系中的坐标为(u_0, v_0)，各坐标轴单位为物理尺寸；像平面坐标系和像素坐标系属于同一个平面上原点不同的两个坐标系。以相机中心点为坐标原点建立像空间坐标系 $C\text{-}X_cY_cZ_c$，图像平面与光轴 Z_c 垂直，和投影中心距离为f。将像空间坐标系点映射到投影平面上的过程为投影变换。另外，本节还为图像中 N 株待测量立木定义 N 组摄影测量坐标系 $P_i\text{-}U_iV_iW_i$ 和物方空间坐标系 $T_i\text{-}X_iY_iZ_i$（$i \leqslant N$），第 i 株立木对应的摄影测量坐标系原点 D_i 位于该立木底部几何中心点，V_i 轴竖直向上垂直于水平地面，U_i 轴沿立木成像面方向水平向右平行于像平面，摄影测量坐标系沿立木树干方向平移 h 后（h 为立木树高，单位为mm），旋转一定角度可得到该株立木的物方空间坐标系。因此，物方空间坐标系坐标原点位于立木最高点，Y_i 轴沿立木树干方向竖直向上。

13.3.2　深度提取模型

对物体成像角度和纵坐标像素值进行线性相关分析，证明当像点横坐标像素值相同时，物体纵坐标像素值与实际成像角度成线性相关关系，且不同型号的设备和相机旋转角度，其深度提取模型有所不同。另外，当拍摄相机与竖直方向存在一定旋转角且地面存在坡度时，目标立木成像角度 α 与纵坐标像素值 v 之间的映射关系随旋转角 β 的变化而改变，因此进一步建立含目标物成像角度 α、纵坐标像素值 v 和相机旋转角 β 这 3 个参数空间关系模型，即 $\alpha = F(v, \beta)$，有

$$\alpha = \begin{cases} -\dfrac{\arctan\dfrac{v_{\max}}{2f_y} + \beta}{v_{\max} - v_0 + \tan\beta \cdot f_y} v + 90 + \dfrac{(v_0 - \tan\beta \cdot f_y)\left(\arctan\dfrac{v_{\max}}{2f_y} + \beta\right)}{v_{\max} - v_0 + \tan\beta \cdot f_y} \pm \delta, & \theta > \beta \\ -\dfrac{2\arctan\dfrac{v_{\max}}{2f_y}}{v_{\max}} v + 90 + \arctan\dfrac{v_{\max}}{2f_y} - \beta \pm \delta, & \theta < \beta \end{cases} \tag{13.3}$$

式中，f_y 为像平面坐标系中 y 轴上的归一化焦距；δ 为相机非线性畸变项误差参数。理想的透镜模型是针孔模型，属于线性模型，但由于镜头制作工艺和装配等原因，使图像中像点、相机光心和物点不完全共线，造成图像非线性畸变误差。

任意立木在摄影测量坐标系中的深度值 D 可通过相机拍摄高度和物体实际成像角度获取，即

$$D = \frac{h_c \tan\alpha}{1 + \tan\gamma \tan\alpha} \tag{13.4}$$

13.3.3　树高测量模型

在针孔相机模型中，根据立木测量坐标系统建立规则，研究成像点在不同坐

标系中的转换关系，建立树高测量模型。

定义第 i 株立木物方空间坐标系到摄影测量坐标系的旋转矩阵为 $\boldsymbol{R}_{\mathrm{T-P}}^{i}$，平移矩阵为 $\boldsymbol{T}_{\mathrm{T-P}}^{i}$，计算该立木物方空间坐标系原点在其对应的摄影测量坐标系中的坐标值(U_{i0}, V_{i0}, W_{i0})为

$$\begin{bmatrix} U_{i0} & V_{i0} & W_{i0} \end{bmatrix}^{\mathrm{T}} = \boldsymbol{R}_{\mathrm{T-P}}^{i} \boldsymbol{T}_{\mathrm{T-P}}^{i} \tag{13.5}$$

其中，平移矩阵 $\boldsymbol{T}_{\mathrm{T-P}}^{i} = [0, h_i, 0]$，针对自然界中立木可能存在一定程度的倾斜角且树干为圆柱体的特征，定义树高测量物方空间坐标系与摄影测量坐标系之间的旋转关系为以 V_i 轴为主轴的 0-φ-ψ 系统，即以 V_i 轴为主轴绕 U_i 轴旋转 φ 角，然后绕新的 W_i 轴旋转 ψ 角，因此旋转矩阵 $\boldsymbol{R}_{\mathrm{T-P}}^{i}$ 可表示为

$$\boldsymbol{R}_{\mathrm{T-P}}^{i} = \begin{bmatrix} \cos\psi & -\sin\psi & 0 \\ \cos\varphi\sin\psi & \cos\varphi\cos\psi & -\sin\varphi \\ \sin\varphi\sin\psi & \sin\varphi\cos\psi & \cos\varphi \end{bmatrix} \tag{13.6}$$

若待测立木中存在倾斜立木，为了方便测量，结合立木的几何属性，在进行图片采集时可将 φ 角与 ψ 角合并为同一个角，即令 φ=0°，则

$$\begin{bmatrix} U_{i0} \\ V_{i0} \\ W_{i0} \end{bmatrix} = \begin{bmatrix} \cos\psi & -\sin\psi & 0 \\ \sin\psi & \cos\psi & 0 \\ 0 & 0 & 1 \end{bmatrix} \begin{bmatrix} 0 \\ h \\ 0 \end{bmatrix} = \begin{bmatrix} -h\sin\psi \\ h\cos\psi \\ 0 \end{bmatrix} \tag{13.7}$$

基于 13.2 节中提取的立木轮廓，可通过提取图像中立木轮廓的最小外接矩形获得旋转角 ψ。采用优化的最小外接矩形计算方法提取立木轮廓最小外接矩形，该算法首先按照最小外接矩形直接计算方法获取立木树干轮廓区域外接矩形，此时矩形倾斜角为 0°；然后以外接矩形中心为中心点旋转外接矩形，直至外接矩形面积取最小值时记录旋转角，从而找到最优矩形姿态，该旋转角即为立木倾斜角 ψ。

摄影测量坐标系经平移和旋转到像空间坐标系是一种刚体运动，摄影测量坐标系分别沿 U、V、W 轴方向平移 t_U、t_V、t_W 距离（单位：mm）后，从摄影测量坐标系旋转到像空间坐标系，其旋转角元素为(κ，β，ω)，旋转过程为以 V 轴为主轴旋转 κ 角度后，绕新的 U 轴旋转 β 角度，最后绕 W 轴旋转 ω 角度，第 i 株立木的摄影测量坐标系中的任意点(U_i, V_i, W_i)在像空间坐标系下坐标(X, Y, Z)为

$$\begin{bmatrix} X \\ Y \\ Z \end{bmatrix} = \boldsymbol{R} \begin{bmatrix} U_i \\ V_i \\ W_i \end{bmatrix} + \boldsymbol{T} = \boldsymbol{R} \left(\begin{bmatrix} U_i \\ V_i \\ W_i \end{bmatrix} + \begin{bmatrix} t_U \\ t_V \\ t_W \end{bmatrix} \right) \tag{13.8}$$

式中，$\boldsymbol{T}$ 为由摄影测量坐标系到像空间坐标系的平移矩阵；$\boldsymbol{R}$ 为旋转矩阵，有

$$\begin{cases} \boldsymbol{R} = \begin{bmatrix} r_{11} & r_{12} & r_{13} \\ r_{21} & r_{22} & r_{23} \\ r_{31} & r_{32} & r_{33} \end{bmatrix} \\ r_{11} = \cos\kappa\cos\omega - \sin\kappa\sin\beta\sin\omega \\ r_{12} = -\cos\kappa\sin\omega - \sin\kappa\sin\beta\cos\omega \\ r_{13} = -\sin\kappa\cos\beta \\ r_{21} = \cos\beta\sin\omega \\ r_{22} = \cos\beta\cos\omega \\ r_{23} = -\sin\beta \\ r_{31} = \sin\kappa\cos\omega + \cos\kappa\sin\beta\sin\omega \\ r_{32} = -\sin\kappa\sin\omega + \cos\kappa\sin\beta\cos\omega \\ r_{33} = \cos\kappa\cos\beta \end{cases} \tag{13.9}$$

$[t_U, t_V, t_W]$为

$$\begin{bmatrix} t_U \\ t_V \\ t_W \end{bmatrix} = \begin{bmatrix} t_U \\ -h_c + D\tan\gamma \\ -D \end{bmatrix} \tag{13.10}$$

根据摄影测量坐标系建立规则，摄影测量坐标系绕 V 轴旋转角度 κ=180°，且通过智能手机相机进行图片采集时绕 W 轴旋转角度 ω 通常约等于 0°，即进行图片采集时，手机竖直置于相机三脚架上。因此，结合式（13.5）和式（13.8）求算物方空间坐标系原点在像空间坐标系中的坐标值(X_0, Y_0, Z_0)为

$$\begin{bmatrix} X_0 \\ Y_0 \\ Z_0 \end{bmatrix} = \boldsymbol{R}\begin{bmatrix} U_{i0} \\ V_{i0} \\ W_{i0} \end{bmatrix} + \boldsymbol{T} = \begin{bmatrix} 1 & 0 & 0 \\ 0 & \cos\beta & -\sin\beta \\ 0 & -\sin\beta & -\cos\beta \end{bmatrix}\begin{bmatrix} -h\sin\psi + t_U \\ h\cos\psi - h_c + D\tan\gamma \\ -D \end{bmatrix} \tag{13.11}$$

像空间坐标系中目标立木最高点的 Z 值为

$$Z_0 = -(h\cos\psi - h_c + D\tan\gamma)\sin\beta + D\cos\beta \tag{13.12}$$

立木最高点在像空间坐标系中 Y 值为

$$Y_0 = (h\cos\psi - h_c + D\tan\gamma)\cos\beta + D\sin\beta \tag{13.13}$$

设像平面上每个像素的物理尺寸大小为 $d_x \times d_y$（单位：mm），像平面坐标系 $O\text{-}xy$ 原点 O 在像素坐标系 $O'\text{-}uv$ 中的坐标为(u_0, v_0)，图像中任意像素在两个坐标系中满足以下关系，即

$$\begin{cases} u = \dfrac{x}{d_x} + u_0 \\ v = \dfrac{y}{d_y} + v_0 \end{cases} \tag{13.14}$$

在针孔相机成像模型中，基于已经实现的相机镜头组畸变的矫正，图像中像点、相机光心和物点 3 点共线，则有

$$\begin{cases} x = f\dfrac{X}{Z} \\ y = f\dfrac{Y}{Z} \end{cases} \tag{13.15}$$

结合式（13.14）和式（13.15），令 $a = y/f$ 可得

$$a = \frac{Y}{Z} = \frac{v - v_0}{f_y} \tag{13.16}$$

式中，f_y 为像平面坐标系中 y 轴上的归一化焦距，在已知相机内部参数的情况下，结合式（13.12）～式（13.16），该立木树高可表示为

$$h = \frac{(a_0 D + h_c - D\tan\gamma)\cos\beta + (a_0 h_c - D - a_0 D\tan\gamma)\sin\beta}{(a_0\sin\beta + \cos\beta)\cos\psi} \tag{13.17}$$

式中，a_0 为树高测量立体成像系统中立木最高点在像平面坐标系 y 轴上投影点的坐标值与相机焦距 f 的比值。同理，可求算图像中其他立木树高。

13.3.4　冠幅测量模型

自然环境中，由于立木存在树冠不对称的情况，本章分别计算以物方空间坐标系 Z_i 轴为分界线的坐标轴左右两边树冠宽度，构建冠幅测量模型，从而得到立木冠幅。

第 i 株立木，其物方空间坐标系与摄影测量坐标系之间存在以下关系，即

$$\begin{bmatrix} U_i \\ V_i \\ W_i \end{bmatrix} = \boldsymbol{R}_{\text{T-P}}^{i}\left(\begin{bmatrix} X_i \\ Y_i \\ Z_i \end{bmatrix} + \boldsymbol{T}_{\text{T-P}}^{i}\right) \tag{13.18}$$

如图 13.5 所示，设第 i 株立木树冠测量处在物方空间坐标系中的坐标值为 $A(X_i^A, Y_i^A, 0)$，则点 A' 的坐标为 $(0, Y_i^A, 0)$，像空间坐标系中 Y_c 值相同且 Z_c 相等的两点 A、A' 在像平面坐标系中同名像点分别为点 $a(x_1, y_1)$、$a'(x_2, y_2)$，点 a、a' 在像素坐标系中的坐标值分别为 (u_1, v_1)、(u_2, v_2)，根据式（13.18）可计算点 A' 在摄影测量坐标系中的坐标值 $(U_i^{A'}, V_i^{A'}, W_i^{A'})$ 为

$$\begin{bmatrix} U_i^{A'} \\ V_i^{A'} \\ W_i^{A'} \end{bmatrix} = \begin{bmatrix} \cos\psi & -\sin\psi & 0 \\ \sin\psi & \cos\psi & 0 \\ 0 & 0 & 1 \end{bmatrix}\begin{bmatrix} 0 \\ Y_i^A + h \\ 0 \end{bmatrix} = \begin{bmatrix} -(Y_i^A + h)\sin\psi \\ (Y_i^A + h)\cos\psi \\ 0 \end{bmatrix} \tag{13.19}$$

摄影测量坐标系经平移和旋转到像空间坐标系，结合式（13.18）和式（13.19）求点 A' 在像空间坐标系中的坐标值 $(X_{A'}, Y_{A'}, Z_{A'})$ 为

$$\begin{bmatrix} X_{A'} \\ Y_{A'} \\ Z_{A'} \end{bmatrix} = \boldsymbol{R}\left(\begin{bmatrix} U_i^{A'} \\ V_i^{A'} \\ W_i^{A'} \end{bmatrix} + \boldsymbol{T}\right) = \begin{bmatrix} 1 & 0 & 0 \\ 0 & \cos\beta & -\sin\beta \\ 0 & -\sin\beta & -\cos\beta \end{bmatrix}\begin{bmatrix} -(Y_i^A + h)\sin\psi + t_U \\ (Y_i^A + h)\cos\psi - h_c + D\tan\gamma \\ -D \end{bmatrix} \tag{13.20}$$

根据式（13.14）～式（13.16）和式（13.20），Y_i^A 可表示为

$$Y_i^A = \frac{(a_1 D + h_c - D\tan\gamma)\cos\beta + (a_1 h_c - D - a_1 D\tan\gamma)\sin\beta}{(a_1\sin\beta + \cos\beta)\cos\psi} - h \quad (13.21)$$

式中，h 为该株立木树高，$a_1 = (v_1 - v_0)/f_y$。像空间坐标系中目标立木冠幅测量处 Z_A 值为

$$Z_A = -[\cos\psi(Y_i^A + h) - h_c + D\tan\gamma]\sin\beta + D\cos\beta \quad (13.22)$$

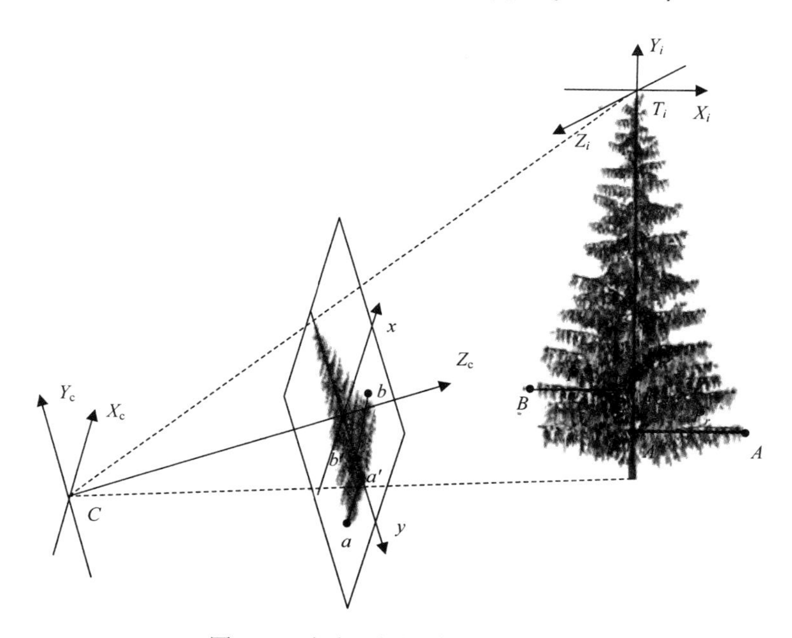

图 13.5　立木冠幅测量投影几何模型

故其水平视差 d 可表示为

$$\begin{aligned} d &= x_2 - x_1 = f\frac{X_A}{Z_A} \\ &= (u_2 - u_1)d_x \end{aligned} \quad (13.23)$$

结合式（13.22）和式（13.23），可计算该株立木右侧树冠宽度 P_r 为

$$P_r = \left|X_A\cos\psi\right| = \frac{\left|u_2 - u_1\right| Z_A}{f_x}\cos\psi \quad (13.24)$$

同理，可计算该立木左侧树冠宽度 P_l。因此，该株立木的冠幅可表示为

$$P = P_l + P_r = \frac{(\left|u_2 - u_1\right| Z_A) + (\left|u_4 - u_3\right| Z_B)}{f_x}\cos\psi \quad (13.25)$$

式中，u_3、u_4 分别为像点 b、b'的横坐标像素值；Z_B 为点 B 在像空间坐标系中 Z_c 上的坐标值。

13.4　实验验证与分析

为验证该方法测量多株立木树高和冠幅的可行性及精度，本节采用 MI 3 手机作为实验设备，以 Android 系统为开发平台，使用 Java 结合 C++作为开发语言编写适用于 Android 设备的多株立木测量软件。按照上述方法编写并调试程序后，在自然环境下分别验证树高测量模型和冠幅测量模型的精度。经相机标定 MI 3 手机相机内部参数为：$f_x = 3486.5637$，$u_0 = 1569.0383$，$f_y = 3497.4652$，$v_0=2107.9899$，图像分辨率为 3120 像素×4208 像素。

13.4.1　树高测量模型精度验证

为了验证树高测量模型精度，将手机放置于相机三脚架上进行图像信息采集，相机拍摄高度 h_c=1040mm，设计 5 组实验组 I_1、I_2、I_3、I_4、I_5，每组实验选取 3 株立木作为研究对象，样木高度区间为 2.9～12m，样木距离区间为 6～12m，对样木进行编号并用激光测距的方法测量每株样木树高作为真实树高，实验数据如表 13.1 所示。相对误差可通过计算值与实际测量值之间差的绝对值除以实际测量值得到。

表 13.1　树高测量数据

实验组	相机旋转角 β/(°)	深度计算值 D/m	树高真实值 /m	树高计算值 /m	绝对误差/m	相对误差/%
I_1	−18	10.937	10.87	11.129	0.26	2.38
		8.121	10.1	10.321	0.22	2.19
		10.77	12.6	12.405	0.20	1.55
I_2	−16	7.5	9.50	9.221	0.28	2.94
		8.731	9.675	9.650	0.03	0.26
		10.204	11.303	10.777	0.53	4.65
I_3	−10	5.885	2.875	2.913	0.04	1.32
		8.287	4.86	4.746	0.11	2.35
		9.457	11.1	10.743	0.36	3.22
I_4	−22	7.09	7.6	7.815	0.22	2.83
		15.5	8.7	8.838	0.14	1.59
		10.371	12.7	13.09	0.39	3.07
I_5	−15	8.651	9.42	9.583	0.16	1.73
		8.223	7.60	7.778	0.18	2.34
		10.867	12.3	11.832	0.47	3.80

实验结果表明，15 个样本测量结果中，树高测量绝对误差小于 0.53m，平均绝对误差为 0.28m，其相对误差小于 4.65%，平均相对误差为 2.414%，满足国家森林资源连续清查中对树高测量精度的要求：当树高小于 10m 时，测量误差小于 3%，当树高不小于 10m 时，测量误差小于 5%。

13.4.2　立木冠幅测量模型精度验证

为了验证立木冠幅测量模型精度，本节设计 5 组实验 I_1、I_2、I_3、I_4、I_5，每组实验选取 3 株立木作为研究对象，相机拍摄高度 h=1040mm，样木冠幅区间为 3.5～6m，样木距离区间为 6～12m，对样木进行编号后用激光雷达测量每株立木冠幅作为真实冠幅，实验数据如表 13.2 所示。

表 13.2　立木冠幅测量数据

实验组	左树冠宽度 P_r/m	右树冠宽度 P_l/m	冠幅计算值 P/m	冠幅真实值/m	相对误差/%
I_1	1.658	1.904	3.562	4.08	7.98
	1.913	1.477	3.39	3.605	5.96
	2.641	1.474	4.115	3.605	7.95
I_2	2.334	2.106	4.44	3.812	6.53
	2.265	1.616	3.881	4.75	6.82
	2.643	1.497	4.14	4.165	8.60
I_3	2.302	3.826	6.128	3.812	2.20
	1.767	2.74	4.507	5.996	6.40
	2.117	2.298	4.415	4.236	3.47
I_4	1.786	2.039	3.825	4.267	2.75
	1.944	1.971	3.915	4.22	7.23
	1.905	2.064	3.969	4.22	2.72
I_5	2.605	2.334	4.939	4.627	6.74
	1.307	1.97	3.277	3.57	8.21
	2.375	2.299	4.674	4.35	7.45

实验结果表明，15 个样本立木冠幅测量结果中，树高测量绝对误差小于 0.328m，平均绝对误差为 0.25m，其相对误差小于 8.6%，平均相对误差为 6.067%。

13.5　本 章 小 结

本章基于智能手机提出一种单目视觉多株立木树高和冠幅测量方法。该方法首先采用一种基于多维特征自适应 Mean-Shift 算法实现立木图像分割，提取其轮廓，并对图像进行非线性畸变校正，为立木树高和冠幅的测量提供基础；然后根据多株立木测量的特殊属性和立木几何特征，为待测立木建立了一套包含 5 组坐标系的立木测量坐标系统，其中摄影测量坐标系与物方空间坐标系是为了适应立木树高和冠幅的测量特性而建立的，是立木树高和冠幅测量模型构建的重要步骤之一。另外，在针孔相机模型中，通过已知的外方位元素计算像空间坐标系、摄影测量坐标系与物方空间坐标系之间转换的旋转矩阵和平移矩阵，研究各坐标系之间的刚体运动规律并建立多株立木树高和冠幅测量模型，从而求算图像中各立木的树高和冠幅。与其他单目视觉被动测量方法相比，该方法操作简单且设备具有便携性。本章还将立木倾斜角度、地面坡度等因子引入到模型中，使得模型的实用性更强。

第 14 章　立木测量系统开发

基于计算机视觉的立木因子测量可以提高森林资源调查效率，节约资源，如人力、时间及财力等；而且，由于它是基于智能手机研发的立木因子测量软件，其便携性较高，可以帮助更多人了解森林资源状况，提高森林资源保护意识。本章以 Android 系统为开发平台，依据本书第 3～13 章所述的立木树高、胸径及冠幅测量方法，开发基于智能手机的立木因子自动测量系统。该系统包括图像采集、相机标定、图像处理和立木因子测量 4 个模块，实现了智能手机相机标定、内外参数获取、树高、冠幅、胸径的自动测量等功能。

14.1　系统开发环境

Android 操作系统是 Google 公司开发的基于 Linux 平台的开源手机操作系统，其独特之处在于 Android 系统的开放性和服务免费，是一个对第三方软件完全开放的平台（傅海威等，2012）。随着当今科技的进步，基于 Android 操作系统的移动设备终端得到了飞速的发展，目前 Android 操作系统已经成为超越 iOS 和 WP 系统的全球第一大智能手机操作系统（王晓君，2011）。

由于 Android 系统具有极强的开放性，可在其基础上进行多种功能或应用的开发（饶润润，2014），因此本书以 Android 系统为开发平台，使用 Java 和 C++ 作为开发语言，结合 OpenCV 计算机视觉库编写适用于 Android 智能手机的立木因子自动测量系统。在解决系统开发中涉及的倾斜角获取、相机调用等设备预设的基础上，通过改进的智能手机相机标定模型对相机进行标定，获取相机内外参数和非线性畸变参数，结合计算机视觉及图像处理技术提取立木树干及树冠轮廓图像，从而构建相应的立木因子测量模型，最终实现立木胸径、树高和冠幅的自动测量。

14.1.1　环境配置

软件环境：本书基于智能手机在 Android 平台上进行测树系统的开发，标定方法和图像分割及数学形态学处理中的关键算法均由 C++语言编写，由于 Android 的系统构架和其操作系统采用了分层的构架，其所有应用程序都在 Android 的 Dalvik 虚拟机上运行。因此，为了在 Android 环境中能高效运行标定算法，首先将以上 3 个关键模块算法编译成二进制的.so 文件，然后将.so 文件推送到 Android 平台上，修改其相关属性后，即可直接在 CPU 架构上运行。

开发环境：在 Windows 10 系统中安装 JDK，版本号为 JDK1.8.0；安装 Android Studio 软件，版本号为 2.2.2；Android 4.4（API 18）；安装 Microsoft Visual Studio 2015 及 OpenCV2.4.9；通过综合运用 Java、C/C++语言进行系统设计。

硬件环境：

（1）开发环境：本章实验使用的计算机型号为华硕 UX410UQK、Windows 10 x64、Intel(R)Core(TM)i5-7200U CPU @ 2.50GHz，8.00GB RAM。

（2）实验手机：实验中使用的客户端测试手机是目前市场上比较畅销的小米手机（MI 3），Android 版本为 4.4.4。其屏幕和摄像头的主要参数如表 14.1 所示。

表 14.1　实验手机主要技术参数

MI 3	主要参数
CPU	Nvidia Tegra4 1.8 GHz
RAM 容量	2 GB
ROM 容量	8 GB
屏幕	主屏尺寸 5.0 英寸 主屏分辨率 3120 像素×4208 像素 屏幕像素密度 441ppi
摄像头	后置摄像头 1300 万像素 前置摄像头 200 万像素 光圈 *f*/2.2 拍照功能连拍，滤镜，场景模式，自动对焦

14.1.2　环境搭建

在搭建立木测量系统开发环境之前，需准备搭建所需的各种软件包，包括 JDK、Adroid Studio 及 Android SDK 等。

首先安装 JDK，并配置相关的环境变量；然后安装 Android Studio 并安装 Android SDK。待所有工具安装配置完，打开 Android Studio，创建新的 Android Project，开始一个新的开发进程。

14.2　系统开发框架

立木测量系统以采集到的图像数据为基础，结合相机标定技术、图像处理技术和摄影测量等相关技术，可以实时获取立木因子。立木测量系统包含图像采集模块、相机标定模块、图像处理模块和立木因子测量模块。首先，在相机参数标定模块中，用户在同一距离下以不同角度（5°～10°角度偏差即可）拍摄 3 张以上悬挂标定板的待测立木图片，通过相机标定模块中的角点提取算法实现角点提取，并通过相机标定模型及参数求解算法获得相机内外参数和相机畸变参数，存入历史数据库。然后用户通过图像采集模块采集立木图像，同时可输入其他外部因子，如地面坡度、拍照高度等。图像处理模块首先通过相机图像非线性畸变矫正模型对立木图像进行矫正，根据用户测量需求分割出目标立木轮廓，同时获取待测立木因子像素信息。最后，根据用户需求选择相应的立木因子测量模型，使用相应的测量模型计算立木树高、冠幅及胸径。系统总体技术路线如图 14.1 所示。

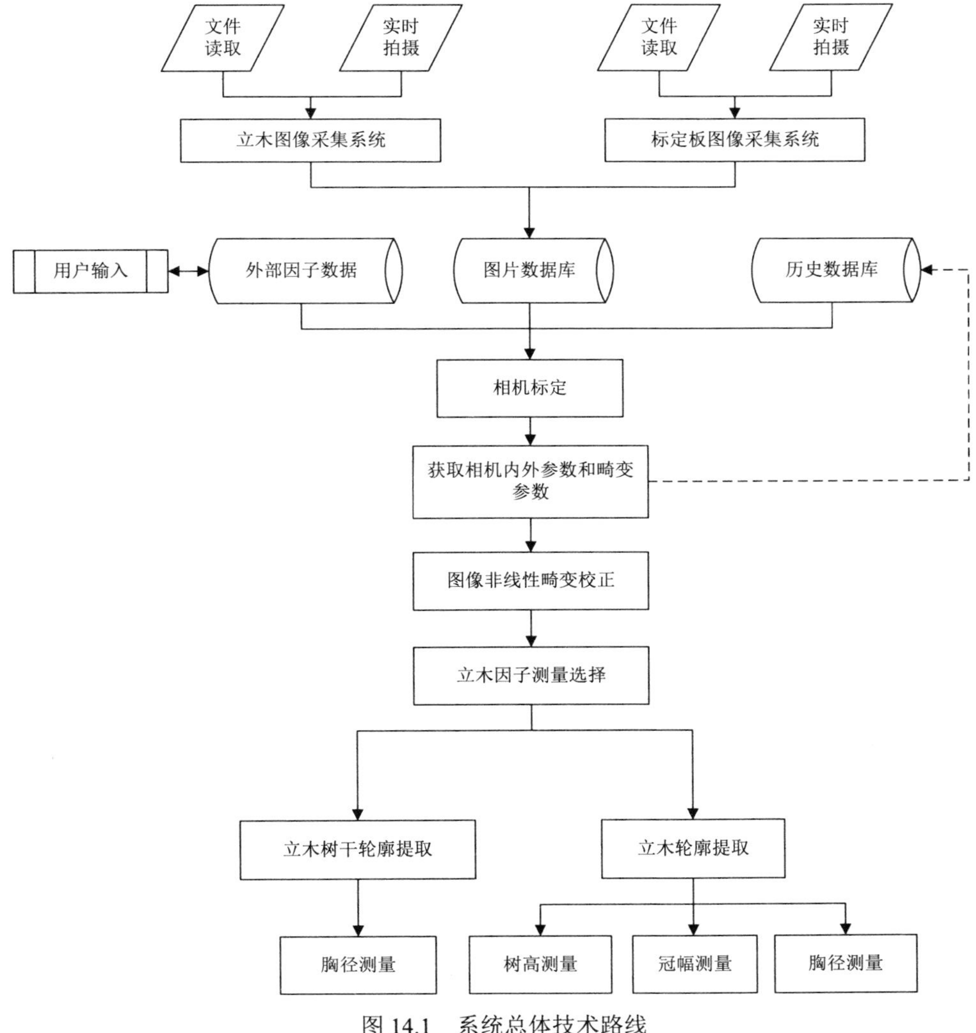

图 14.1　系统总体技术路线

系统采用 Android 原生的应用开发模式，其优点是开发速度快且具有很强的跨平台性。采用这种开发模式，通过使用安卓的系统组件，如 Activity、Service、Provider 等强大的系统组件，可以实现更强大的数据库存储等其他功能。通过

Android 强大的 UI 组件，可以完成本系统的界面展示。再通过 Content Provider 对数据进行操作，并使用 SQLite 数据库，完成本地文件、数据存储。本系统将主要的测树功能进行封装，通过类型判断选择调用合适的测量工具，从而完成立木因子的测量，具体的开发框架如图 14.2 所示。

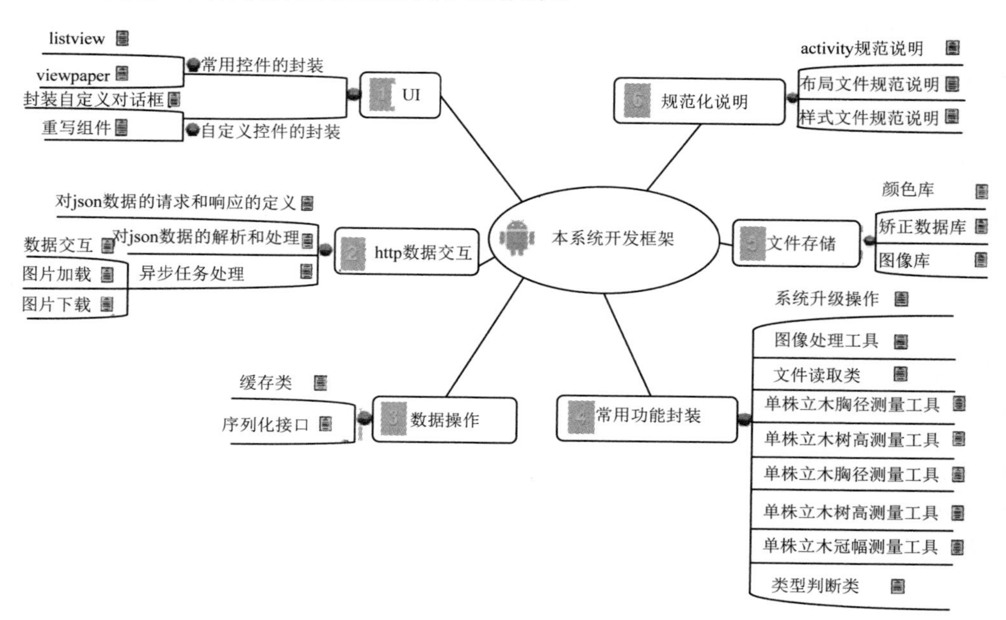

图 14.2　立木测量系统开发框架

14.3　系统数据流

基于移动端的立木测量系统的第一层数据流共分为 3 个阶段，分别为用户、测树系统和功能的选择。由用户作为数据的原点，对于本系统提取请求信息。老用户可以根据数据库里的账号信息进入测树系统进行功能选择，而新用户可以通过提取新的注册表进行用户的注册。在测树系统中，用户可以依据自己的需求对系统提交请求，系统会自动产生模块选项表发给服务器。服务器接收到请求，回应相应的功能选择。顶层数据流图如图 14.3 所示。

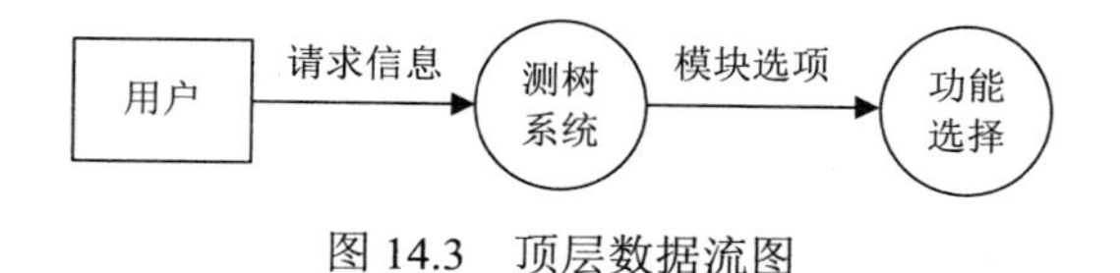

图 14.3　顶层数据流图

服务器在处理数据时，根据用户所发送的选择信息，来处理所采集的图像。把处理后的图像存入数据库，以便统计分析。利用手机自带的传感器设备，获取实时的角度值。通过相机的内置标定模型表，分析传感器坐标和手机坐标之间的关系来进行相机的标定，再把标定结果存入数据库。相机标定完成后，调取数据库中待测的图像，通过一系列形态学的处理，得到处理后的图像。同时使用已知的标定参数信息建立二维平面到三维空间的模型。本模型主要由处理后的图像和三维坐标的信息来进行立木因子的测量，通过该模型可以求解单株立木的树高、胸径和冠幅等测量值。再建立被测树木的信息表报，发送给用户，完成测量目标。第一层数据流图如图 14.4 所示。

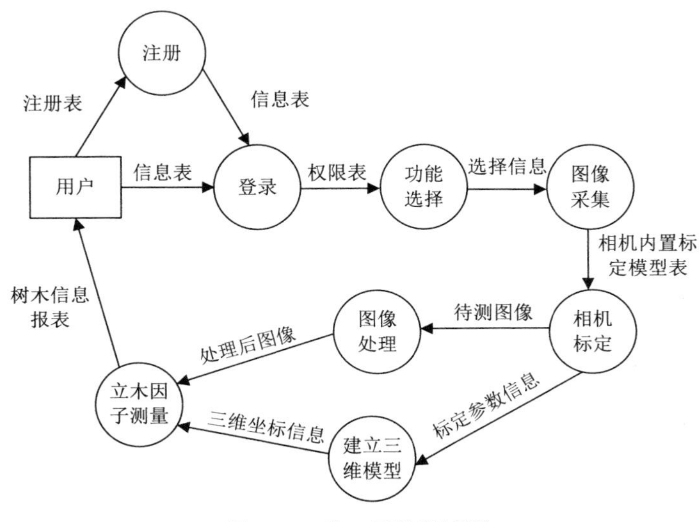

图 14.4　第一层数据流图

14.4　系统功能模块设计

基于移动端的立木测量系统主要由用户管理和系统功能组成，其中用户管理主要包含用户注册、用户登录和权限分配，系统功能包括图像采集、相机标定、图像处理和立木因子测量等模块，具体的模块功能如图 14.5 所示。

1. 设备预设模块

在实验设备上安装所开发的应用软件，轻触图标打开该应用软件进入主界面，主界面上有拍照、相册和设置 3 个按键对象。当首次在该设备上使用该软件时，需要进行设备预设。单击设置后，根据菜单要求输入设备相机参数即可。系统主界面如图 14.6 所示。

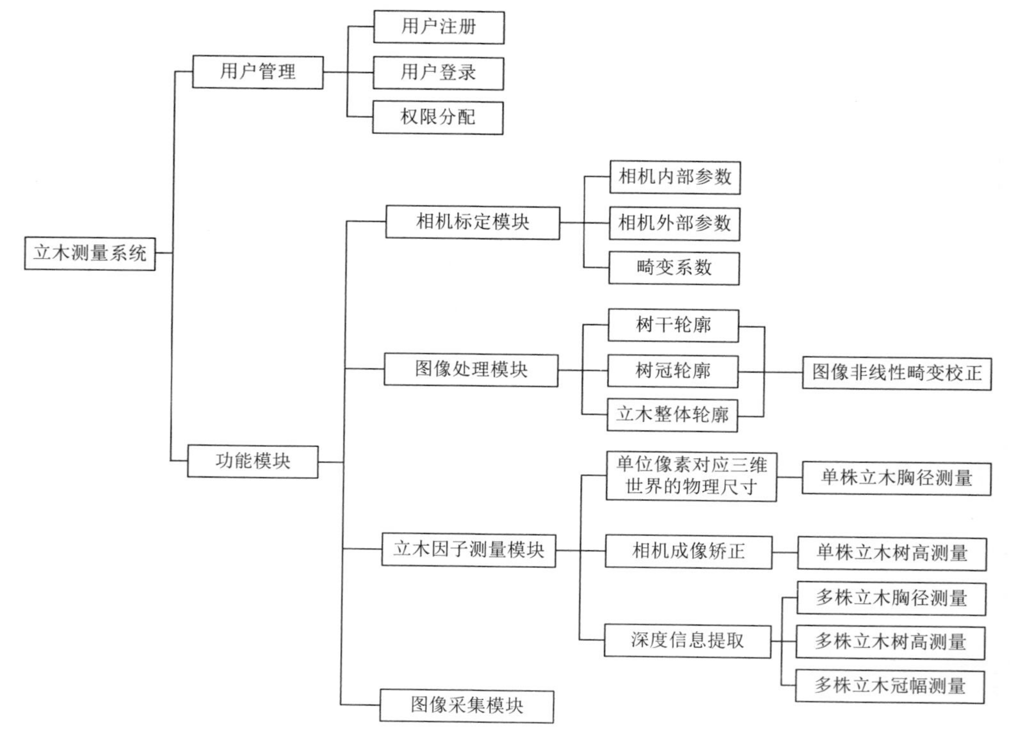

图 14.5　立木测量系统模块功能设计

图 14.6　系统主界面

2. 图像采集模块

图像采集时，系统设计了两种图像获取方式，可通过文件读取和实时拍摄两种方式采集获取。通过相机获取图像时，将手机置于相机三脚架上，单击“拍照”按钮。通过文件获取图像时，单击“相册”按钮，根据图像存储位置选择相应文件夹，选取图像即可。图像采集后用户可输入地面坡度、拍照高度两个参数，立木的倾斜角度可通过构建立木图像最小外接矩形的方式获取。此外，相机倾斜角度可通过调用相机内部传感器获取，如图 14.7 所示。

彩图 14.7

图 14.7　立木图像采集功能

3. 相机标定模块

系统通过 MI 3 手机相机采集 5 张以上不同角度的标定板图片，利用改进的带有非线性畸变的相机标定模型进行相机标定，进而获取相机内外参数和非线性畸变参数，相机标定结果如图 14.8 所示。

4. 图像处理模块

立木图像轮廓是立木因子测量的基础，在自然环境下拍摄立木图像，利用基本的图像处理方法进行预处理得到显著图之后，再结合图像聚类算法得到立木分割图像，最后利用形态学、边缘检测的方法得到最终轮廓图。对立木轮廓图像进行非线性畸变矫正，为立木因子测量做好前期准备。相机标定完成后，根据用户对于测量的要求可对待测立木图像进行轮廓提取，该部分内容由系统在后台运行，系统运行过程中不予显示。

5. 立木因子测量模块

用户可根据立木因子测量需求，利用立木因子测量模型求算图像中各株立木深度及立木树高、胸径及冠幅。测量结果示意图如图 14.9 所示。

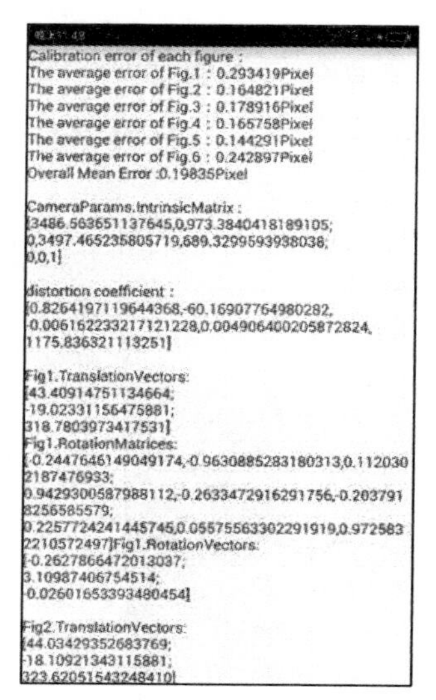

图 14.8　结果显示

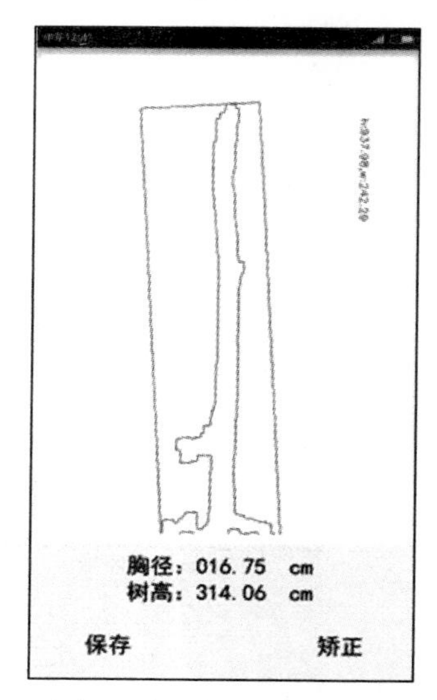

图 14.9　相机标定结果

14.5　本 章 小 结

本章主要介绍了智能测树系统的框架、主要功能模块及研发过程。通过对倾角获取、相机调用、添加对话框和设备预设以及添加对焦十字丝等的程序实现，开发出了智能测树系统，该系统已经实现了测树过程所需的基本功能，并且只需进行一次设备预设就能进行多次测量，树高测量时也无需人工量取水平距离。然而，系统还存在诸多不足之处，比如，该测树系统仅适用于 Android 操作系统的智能手机，对其他操作系统的智能手机并不适用。希望在此研究的基础上，开发出适合各类操作系统的测树系统。

参 考 文 献

曹忠，巩奕成，冯仲科，等，2015. 电子经纬仪测量立木材积误差分析[J]. 农业机械学报，46(1): 292-298.

陈金星，岳德鹏，冯仲科，等，2016. 手持式树径自动识别测树仪的研制与应用[J]. 浙江农林大学学报，33(4): 589-598.

程朋乐，刘晋浩，王典，2013. 融合激光和机器视觉的立木胸径检测方法[J]. 农业机械学报，44(11): 271-275.

董恩增，闫胜旭，佟吉钢，2015. 基于主动视觉的人脸检测与跟踪算法研究[J]. 系统仿真学报，27(5): 973-979.

段红燕，邵豪，张淑珍，等，2016. 一种基于 Canny 算子的图像边缘检测改进算法[J]. 上海交通大学学报，50(12):1861-1865.

段汝娇，赵伟，黄松岭，等，2010. 一种基于改进 Hough 变换的直线快速检测算法[J].仪器仪表学报，31(12): 2774-2780.

段振云，王宁，赵文辉，等，2016. 基于点阵标定板的视觉测量系统的标定方法[J]. 光学学报(5): 143-151.

樊庆文，王骁鹏，王德麾，等，2013. 一种基于参考平面的直线距离测量方法[J]. 工程科学与技术, 45(6):157-161.

樊仲谋，冯仲科，郑君，等，2015. 基于立方体格网法的树冠体积计算与预估模型建立[J]. 农业机械学报，46(3): 320-327.

冯静静，张晓丽，刘会玲，2017. 基于灰度梯度图像分割的单木树冠提取研究[J]. 北京林业大学学报，39(3): 16-23.

冯仲科，殷嘉俭，2001. 数字近景摄影测量用于森林固定样地测树的研究[J]. 北京林业大学学报，23(5): 15-18.

冯仲科，赵春江，聂玉藻，2002. 精准林业[M]. 北京：中国林业出版社.

傅海威，平凯，乔学光，等，2012. 基于 Android 的用于光纤光栅信号解调的 OCM 检测系统[J]. 仪表技术与传感器(5): 94-95.

关强，尹丽丽，李志鹏，等，2006. 基于超声测距的定高树径测量仪的研究[J]. 东北林业大学学报，34(4): 27-30.

管昉立，2018. 基于智能手机和机器视觉的立木胸径测量方法[D]. 杭州：浙江农林大学.

郭卜瑜，于佳，王姣姣，等，2017. 双目视觉用于鱼苗尺寸测量[J]. 光学技术，43(2): 153-157.

韩殿元，2013. 基于手机图像分析的叶片及立木测量算法研究[D]. 北京：北京林业大学.

韩文超，2011. 基于 POS 系统的无人机遥感图像拼接技术研究与实现[D]. 南京：南京大学.

郝泳涛，周薇，钟波涛，2009. 平移初值操作的基于 Kruppa 方程的自标定方法[J]. 计算机工程与应用，45(22): 38-40.

贺付亮，郭永彩，高潮，等，2017. 基于视觉显著性和脉冲耦合神经网络的成熟桑葚图像分割[J]. 农业工程学报，33(6):148-155.

贺若飞，田雪涛，刘宏娟，等，2017. 基于蒙特卡罗卡尔曼滤波的无人机目标定位方法[J]. 西北工业大学学报，35(3): 435-441.

侯鑫新，2014. 基于 CCD 和经纬仪的林木图像识别系统研究[D]. 北京：北京林业大学.

胡天翔，郑加强，周宏平，2010. 基于双目视觉的树木图像测距方法[J]. 农业机械学报，41(11): 158-162.

胡占义，吴福朝，2002. 基于主动视觉摄像机标定方法[J]. 计算机学报，25(11): 1149-1156.

黄健，黄习培，李金铭，2009. 基于 BP 神经网络和纹理特征的马尾松图像分割方法[J]. 福建农林大学学报（自然科学版），38(6): 649-652.

黄小云，高峰，徐国艳，等，2015. 基于单幅立式标靶图像的单目深度信息提取[J]. 北京航空航天大学学报，41(4): 649-655.

黄心渊，王海，2006. “数字林业”及其技术与发展[J]. 北京林业大学学报，28(6):142-147.

阚江明，李文彬，2006. 基于数学形态学的树木图像分割方法[J]. 北京林业大学学报(s2): 132-136.
蒯杨柳，文贡坚，回丙伟，等，2016. 利用多个小棋盘的大视场相机标定方法[J]. 测绘通报(7): 39-43.
雷成，胡占义，吴福朝，等，2003. 一种新的基于 Kruppa 方程的摄像机自标定方法[J]. 计算机学报，26(5): 587-597.
李恺，杨艳丽，刘凯，等，2013. 基于机器视觉的红掌检测分级方法[J]. 农业工程学报，29(24): 196-203.
李可宏，姜灵敏，龚永义，2014. 2 维至 3 维图像/视频转换的深度图提取方法综述[J]. 中国图象图形学报，19(10): 1393-1406.
李明泽，范文义，张元元，2009. 基于全数字摄影测量的林分立木高度量测[J]. 北京林业大学学报，31(2): 74-79.
李亚东，冯仲科，曹明兰，等，2016. Android 智能手机树高测量 APP 开发与试验[J]. 中南林业科技大学学报，36(10): 78-82.
李竹良，赵宇明，2013. 基于单幅图片的相机完全标定[J]. 计算机工程，39(11): 5-8.
连蓉，丁忆，罗鼎，等，2017. 倾斜摄影与近景摄影相结合的山地城市实景三维精细化重建与单体化研究[J]. 测绘通报(11): 128-132.
梁长秀，冯仲科，姚山，等，2005. 基于电子经纬仪及 PDA 自动量测的电子角规测树原理、功能及精度研究[J]. 北京林业大学学报，27(2): 142-148.
林冬梅，张爱华，王平，等，2016. 张氏标定法在双目视觉脉搏测量系统中的应用[J]. 兰州理工大学学报，42(2): 78-85.
刘天时，肖敏敏，李湘眷，2014. 融合方向测度和灰度共生矩阵的纹理特征提取算法研究[J]. 科学技术与工程，14(32): 271-275.
刘同海，滕光辉，付为森，等，2013. 基于机器视觉的猪体体尺测点提取算法与应用[J]. 农业工程学报(2):161-168.
刘文萍，仲亭玉，宋以宁，2017. 基于无人机图像分析的树木胸径预测[J]. 农业工程学报，33(21):99-104.
刘艳，李腾飞，2014. 对张正友相机标定法的改进研究[J]. 光学技术，40(6): 565-570.
刘杨豪，谢林柏，2016. 基于共面点的改进摄像机标定方法研究[J]. 计算机工程，42(8): 289-293.
鲁威威，肖志涛，雷美琳，2011. 基于单目视觉的前方车辆检测与测距方法研究[J]. 电视技术，35(1): 125-128.
马颂德，1998. 计算机视觉：计算理论与算法基础[M]. 北京：科学出版社.
毛宏斌，2016. Android 虚拟机内存管理机制的分析及性能优化[D]. 南京：东南大学.
孟宪宇，2006. 测树学[M]. 北京：中国林业出版社.
孟晓桥，胡占义，2003. 摄像机自标定方法的研究与进展[J]. 自动化学报，29(1): 110-124.
缪永伟，冯小红，于莉洁，等，2016. 基于重复结构检测的三维建筑物精细模型重建[J]. 软件学报，27(10):2557-2573.
聂玉藻，马小军，冯仲科，等，2002. 精准林业技术的设计与实践[J]. 北京林业大学学报，24(3): 89-93.
邱梓轩，冯仲科，卢婧，等，2017. 望远摄影测树仪设计与试验[J]. 农业机械学报，48(12): 202-207.
全厚德，闫守成，张洪才，2006. 计算机视觉中摄像机标定精度评估方法[J]. 测绘科学技术学报，23(3): 222-224.
全燕鸣，黎淑梅，麦青群，2013. 基于双目视觉的工件尺寸在机三维测量[J]. 光学精密工程，21(4): 1054-1061.
饶润润，2014. 基于安卓操作系统的应用软件开发[D]. 西安：西安电子科技大学.
任冲，鞠洪波，张怀清，等，2016. 多源数据林地类型的精细分类方法[J]. 林业科学，52(6): 54-65.
尚洋，李立春，雷志辉，等，2005. 摄像测量技术在国防试验与航天器对接中的应用研究[J]. 实验力学，20(1):91-94.
石杰，李银伢，戚国庆，等，2017. 不完全量测下基于机器视觉的被动跟踪算法[J]. 华中科技大学学报(自然科学版)，45(6): 33-37.
史洁青，冯仲科，刘金成，2017. 基于无人机遥感影像的高精度森林资源调查系统设计与试验[J]. 农业工程学报，33(11): 82-90.
舒新展，方凯，胡军国，2015. 一种基于 BP 神经网络图像分割算法的嵌入式测树系统[J]. 计算机科学，42(1):

223-225.

隋铭明，高天宇，2013. 单幅未标定像片进行树木形态测量的新方法[J]. 森林工程，29(5): 12-15.

孙俊灵，孙光民，马鹏阁，等，2017. 基于对称小波降噪及非对称高斯拟合的激光目标定位[J]. 中国激光，44(6): 172-179.

谭晓军，郭志豪，蒋芝，2008. 基于对称性特征的棋盘方格角点自动检测算法[J]. 计算机应用，28(6): 1540-1542.

陶司光，2011. 基于数码相片单木图像分割及测树因子提取方法的研究[D]. 哈尔滨：东北林业大学.

王浩，许志闻，谢坤，等，2014. 基于 OpenCV 的双目测距系统[J]. 吉林大学学报(信息科学版)，32(2): 188-194.

王佳，冯仲科，2011. 航空数字摄影测量对林分立木测高及精度分析[J]. 测绘科学，36(6): 77-79.

王建利，李婷，王典，等，2013. 基于光学三角形法与图像处理的立木胸径测量方法[J]. 农业机械学报，44(7): 241-245.

王美珍，刘学军，甄艳，等，2012. 包含圆形的单幅图像距离量测[J]. 武汉大学学报(信息科学版)，37(3): 348-353.

王祺，胡洪，吴艳兰，等，2017. 基于三维激光点云的树木胸径自动提取方法[J]. 安徽农业大学学报，44(2): 283-288.

王书民，张爱武，胡少兴，等，2015. 基于光谱精确采样的高光谱相机转扫成像几何校正[J]. 光谱学与光谱分析，35(2): 557-562.

王向军，邓子贤，曹雨，等，2017. 野外大视场单相机空间坐标测量系统的快速标定[J]. 光学精密工程，25(7): 1961-1967.

王晓君，2011. 基于 Android 挂机黑盒测试技术的研究与实践[D]. 北京：北京邮电大学.

王雪军，马炜，孙玉军，等，2015. 基于一类清查资料的森林资源生长预估[J]. 北京林业大学学报，37(4): 19-27.

王晏，孙怡，2010. 自适应 Mean Shift 算法的彩色图像平滑与分割算法[J]. 自动化学报，36(12): 1637-1644.

王玉德，张学志，2014. 复杂背景下甜瓜果实分割算法[J]. 农业工程学报，30(2): 176-181.

王忠亮，吴功平，何缘，等，2015. 基于单目机器视觉的高压输电线路障碍物定位研究[J]. 机械设计与制造(4): 85-87.

吴刚，唐振民，2010. 单目式自主机器人视觉导航中的测距研究[J]. 机器人，32(6): 828-832.

吴军，徐刚，董增来，等，2012. 引入灭点约束的 TSAI 两步法相机标定改进研究[J]. 武汉大学学报(信息科学版)，37(1): 17-21.

吴晓军，范东凯，2014. 一种鲁棒的基于半正定规划的相机自标定方法[J]. 电子学报，42(6): 1210-1215.

吴晓兰，2009. 基于数字图像处理的立木测量方法研究[D]. 北京：北京林业大学.

吴鑫，王桂英，丛杨，2013. 基于颜色和深度信息融合的目标识别方法[J]. 农业工程学报，29(1): 96-100.

吴渊凯，卞新高，2016. 计算机视觉中摄像机标定的实验分析[J]. 电子测量技术，39(11): 95-99.

向小燕，2016. 光栅分光式移相干涉差分共焦位移传感技术研究[D]. 哈尔滨：哈尔滨工业大学.

谢士琴，赵天忠，王威，等，2017. 结合影像纹理、光谱与地形特征的森林结构参数反演[J]. 农业机械学报，48(4): 125-134.

徐诚，黄大庆，孔繁锵，2015. 一种小型无人机无源目标定位方法及精度分析[J]. 仪器仪表学报，36(5): 1115-1122.

徐伟恒，2014. 手持式超站测树仪研制及功能测试研究[D]. 北京：北京林业大学.

徐伟恒，高娜，项飞，等，2017. 近景摄影测树仪的研究与开发[J]. 林业工程学报，2(3): 117-123.

薛俊鹏，苏显渝，窦蕴甫，2012. 基于同心圆光栅和契形光栅的摄像机自标定方法[J]. 中国激光，39(3): 178-182.

鄢前飞，2007. 林业数字式测高测距仪的研制[J]. 中南林业科技大学学报，27(5): 66-70.

闫飞，2014. 森林资源调查技术与方法研究[D]. 北京：北京林业大学.

杨琤，周富强，2011. 镜像式单摄像机双目视觉传感器的结构设计[J]. 机械工程学报，47(22): 7-12.

杨立岩，冯仲科，范光鹏，等，2018. 激光摄影测树仪设计与试验[J]. 农业机械学报，49(1): 211-218.

杨全月，陈志泊，孙国栋，2017. 基于点云数据的测树因子自动提取方法[J]. 农业机械学报，48(8): 179-185.

杨卫中，徐银丽，乔曦，等，2016. 基于对比度受限直方图均衡化的水下海参图像增强方法[J]. 农业工程学报，32(6): 197-203.

叶添雄，2016. 新型国产测树仪在基本测树因子测量中的应用[D]. 北京：北京林业大学.

游素亚，1997. 立体视觉研究的现状与进展[J]. 中国图象图形学报，2(1): 17-24.

于东海，冯仲科，曹忠，等，2016. 全站仪测量立木胸径树高及材积的误差分析[J]. 农业工程学报，32(17): 160-167.

于乃功，黄灿，林佳，2012. 基于单目视觉的机器人目标定位测距方法研究[J]. 计算机测量与控制，20(10): 2654-2656.

于起峰，陆宏伟，刘肖琳，2002. 基于图像的精密测量与运动测量[M]. 北京：科学出版社.

张海军，周储伟，2016. 基于显微 CT 图像的细编穿刺碳/碳复合材料细观力学模型[J]. 材料工程，44(5): 65-71.

张琳原，冯仲科，李蕴雅，2015. 森林资源清查中树高、材积误差分析[J]. 北京测绘(4): 43-45.

张凝，张晓丽，叶栗，2014. 基于改进爬峰法高分辨率遥感影像分割的树冠提取[J]. 农业机械学报，45(12): 294-300.

张琬琳，胡正良，朱建军，等，2014. 单兵综合观瞄仪中的一种目标位置解算方法[J]. 电子测量技术，37(11): 1-3.

张向华，陆载涵，宋小春，2014. 图像测量技术在森林调查中的应用[J]. 湖北工业大学学报，19(1): 36-38.

张煜，张祖勋，张剑清，2000. 几何约束与影像分割相结合的快速半自动房屋提取[J]. 武汉大学学报(信息科学版)，25(3): 238-242.

张煜星，王雪军，黄国胜，等，2017. 森林面积多阶遥感监测方法[J]. 林业科学，53(7): 94-104.

张园，陶萍，梁世祥，等，2011. 无人机遥感在森林资源调查中的应用[J]. 西南林业大学学报，31(3): 49-53.

张智韬，黄兆铭，杨江涛，2008. 全站仪三角高程测量方法及精度分析[J]. 西北农林科技大学学报(自然科学版)，36(9): 229-234.

张祖勋，2004. 数字摄影测量与计算机视觉[J]. 武汉大学学报(信息科学版)，29(12): 1035-1039.

张祖勋，2007. 数字摄影测量研究 30 年[M]. 武汉：武汉大学出版社.

章毓晋，2013. 图像工程[M]. 北京：清华大学出版社.

赵芳，冯仲科，高祥，等，2014. 树冠遮挡条件下全站仪测量树高及材积方法[J]. 农业工程学报，30(2): 182-190.

赵茂程，郑加强，林小静，等，2004. 基于分形理论的树木图像分割方法[J]. 农业机械学报，35(2): 72-75.

周广益，熊涛，张卫杰，等，2009. 基于极化干涉 SAR 数据的树高反演方法[J]. 清华大学学报(自然科学版)，49(4): 510-513.

周家香，朱建军，赵群河，2012. 集成改进 MeanShift 和区域合并两种算法的图像分割[J]. 测绘科学，37(6):98-100.

周俊静，段建民，杨光祖，2013. 基于深度信息的车辆识别和跟踪方法[J]. 北京工业大学学报，39(11): 1644-1651.

周克瑜，2015. 基于 Android 的智能测树系统研究与实现[D]. 杭州：浙江农林大学.

周克瑜，汪云珍，李记，等，2016. 基于 Android 平台的测树系统研究与实现[J]. 南京林业大学学报(自然科学版)，40(4): 95-100.

周满平，2013. 基于单 CCD 相机和经纬仪的尺寸测量系统[D]. 北京：北京林业大学.

周强强，王志成，赵卫东，等，2015. 基于水平集和视觉显著性的植物病害叶片图像分割[J]. 同济大学学报(自然科学版)，43(9):1406-1413.

周水琴，应义斌，商德胜，2012. 基于形态学的香梨褐变核磁共振成像无损检测[J]. 浙江大学学报(工学版)，46(12):2141-2145.

周玉晨，李昀，林珂卉，等，2017. 基于 Android 的角规测树及数据处理软件的设计与实现[J]. 林业资源管理(6): 143-148.

朱煜，2014. 基于 Android 的森林资源数据外业采集系统研建[D]. 北京：北京林业大学.

邹建成，田楠楠，2017. 简易高精度的平面五点摄像机标定方法[J]. 光学精密工程，25(3): 786-791.

ACHANTA R, HEMAMI S, ESTRADA F, et al., 2009. Frequency-tuned salient region detection[C]//Conference on Computer Vision and Pattern Reccgnition. Miami: IEEE:22(9-10): 1597-1604.

ACHANTA R, SÜSSTRUNK S, 2010. Saliency detection using maximum symmetric surround[C]// IEEE International Conference on Image Processing. Hong Kong: IEEE, 119(5): 2653-2656.

ACKORA-PRAH J, AYEKPLE Y E, ACQUAH R K, et al., 2015. Revised mathematical morphological concepts[J]. Advances in pure mathematics 5(4): 155-161.

ARAUS J L, CAIRNS J E, 2014. Field high-throughput phenotyping: the new crop breeding frontier[J]. Trends in plant science, 19(1): 52-61.

AVERY T E, BURKHART H E, 1983. Forest measurements[M]. New York: McGraw-Hill Book Company.

AVSAR M D, 2004. The relationships between diameter at breast height, tree height and crown diameter in calabrian pines (Pinus brutia Ten.) of Baskonus Mountain, Kahramanmaras, Turkey[J]. Journal of biological sciences, 4(4): 437-440.

AYACHE N, LUSTMAN F, 1991. Trinocular stereo vision for robotics[M]. Washington, DC: IEEE Computer Society: 73-85.

BARET F, SOLAN B D, Lopezlozano R, et al., 2010. GAI estimates of row crops from downward looking digital photos taken perpendicular to rows at 57.5° zenith angle: theoretical considerations based on 3D architecture models and application to wheat crops[J]. Agricultural and forest meteorology, 150(11): 1393-1401.

BARNARD S T,1983. Interpreting perspective images[J]. Artificial intelligence, 21(4): 435-462.

BINOT J M, POTHIER D, LEBEL J, 1995. Comparison of relative accuracy and time requirement between the caliper, the diameter tape and an electronic tree measuring fork[J]. Forestry chronicle, 71(2): 197-200.

Bouguet J-Y. Camera calibration toolbox for matlab[EB/OL]. (2010-09-05) [2018-09-05]. http://www.vision.caltech.edu/bouguetj/.

BROWNLIE R K, CARSON W W, FIRTH J G, et al., 2007. Image-based dendrometry system for standing trees[J]. New Zealand journal of forestry science, 37(2): 153-168.

CAPRILE B, TORRE V, 1990. Using vanishing points for camera calibration[J]. International journal of computer vision, 4(2): 127-139.

CHENG P F, YAN H W, HAN Z H, 2008. An algorithm for computing the minimum area bounding rectangle of an arbitrary polygon[J]. Journal of engineering graphics, 29(1):122-126.

CIPOLLA R, ROBERTSON D, BOYER E, 1999. Photobuilder:3D models of architectural scenes from uncalibrated images[C]// International Conference on Multimedia Computing and Systems. Washington:IEEE Computer Society, 1(I):25-31.

Clark N A, Wynne R H, Schmoldt D L, 2000. A review of past research on dendrometers[J]. Forest science, 46(4):570-576.

COBB M A, PETRY F E, SHAW K B, 2000. Fuzzy spatial relationship refinements based on minimum bounding rectangle variations[J]. Fuzzy sets and systems, 113(1):111-120.

COMANICIU D, RAMESH V, MEER P, 2001. The variable bandwidth mean shift and data-driven scale selection[C]// International Conference on Computer Vision. Vancouver: IEEE: 438-445.

FAUGERAS O D, LUONG Q T, MAYBANK S J, 1992. Camera self-calibration: Theory and experiments[C]// European Conference on Computer Vision. New York: Springer-Verlag, 588(12): 321-334.

FAUGERAS, OLIVIER D, LUONG, et al., 1992. Camera self-calibration: theory and experiments[C]//European

Conference on Computer Vision. Santa Margherita Ligure:Springer, 588(12): 321-334.

FORSYTH D A, 2004. Computer vision : a modern approach[M]. 北京：清华大学出版社.

FUKUNAGA K, HOSTETLER L D, 1975. The estimation of the gradient of a density function, with applications in pattern recognition[M]. NJ: IEEE Press.

GAO C, ZHOU D, GUO Y, 2014. An Iterative Thresholding Segmentation Model Using a Modified Pulse Coupled Neural Network[J]. Neural processing letters, 39(1): 81-95.

GEIGER A, MOOSMANN F, MER CAR, et al., 2012. Automatic camera and range sensor calibration using a single shot[C]// IEEE International Conference on Robotics and Automation. Saint Paul: IEEE, 20(10): 3936-3943.

GRIEBEL A, BENNETT L T, CULVENOR D S, et al.,2015. Reliability and limitations of a novel terrestrial laser scanner for daily monitoring of forest canopy dynamics[J]. Remote sensing of environment, 166: 205-213.

GU Y H, GUI V, 2001. Colour image segmentation using adaptive mean shift filters[C]// International Conference on Image Processing. Thessaloniki: IEEE: 726-729.

HACKENBERG J, WASSENBERG M, SPIECKER H, et al., 2015. Non destructive method for biomass prediction combining TLS derived tree volume and wood density[J]. Forests, 6(4): 1274-1300.

HAGLÖF S, 2008. Electronic measuring tape:US 7451552 B2[P].

HARALICK R M, SHANMUGAM K, DINSTEIN I, 1973. Textural features for image classification[J]. IEEE transactions on systems man and cybernetics, smc-3(6): 610-621.

HARRIS C, STEPHENS M, 1988. A combined corner and edge detector[C]//Alvety Vision Conference. Manchester: IEEE: 147-151.

HARTLEY R I, 1997. Kruppa's equations derived from the fundamental matrix[J]. IEEE transactions on pattern analysis and machine intelligence, 19(2): 133-135.

HARTLEY R I, 1997. Self-calibration of stationary cameras[J]. International journal of computer vision, 22(1): 5-23.

HARTLEY R, KAHL F, 2003. A critical configuration for reconstruction from rectilinear motion[C]// International Conference on Computer Vision and Pattern Recognition. Wisconsin: IEEE Computer Society: 511-517.

HARTLEY R, ZISSERMAN A, 2000. Multiple view geometry in computer vision[C]. New York: Cambridge University Press:1865-1872.

HEUVEL F A V D, 1998a. A line-photogrammetric mathematical model for the reconstruction of polyhedral objects[J]. Videometrics VI, 3641: 60-71.

HEUVEL F A V D, 1998b. Vanishing point detection for architectural photogrammetry[C]// International Archives of Photogrammetry and Remote Sensing. Hakodate: IEEE, 32: 652-659.

HONG Y, YI J, ZHAO D, 2007. Improved mean shift segmentation approach for natural images[J]. Applied mathematics and computation, 185(2): 940-952.

IKEUCHI K, 1987. Determining a depth map using a dual photometric stereo[J]. International journal of robotics research, 6(1): 15-31.

INOUE H, TACHIKAWA T, INABA M, 1992. Robot vision system with a correlation chip for real-time tracking, optical flow and depth map generation[C]// International Conference on Robotics and Automation. Nice: IEEE, 2: 1621-1626.

JOSEPHUS C S, REMYA S, 2011. Multilayered contrast limited adaptive histogram equalization using frost filter[C]// Recent Advances in Intelligent Computational Systems. Trivandrum: IEEE: 638-641.

JUUJARVI J, HEIKKONEN J, BRANDT S S, et al., 1998. Digital image based tree measurement for forest inventory[C]// International Society for Optics and Photonics. Boston: SPIE:114-123.

KANUNGO T, MOUNT D M, NETANYAHU N S, et al., 2002. An efficient k-means clustering algorithm: analysis and implementation[J]. IEEE transactions on pattern analysis and machine intelligence, 24(7): 881-892.

KIM J, PARK A, JUNG K, 2009. Graph cut-based automatic color image segmentation using mean shift analysis[C]//Digital Image Computing:Techniques and Applications, Washington: IEEE: 564-571.

KUNSTLER G, FALSTER D, COOMES D A, et al, 2011. Plant functional traits have globally consistent effects on competition[J]. Nature, 529(7585): 204-207.

LAAR A V, AKÇA A, 2007. Forest mensuration[M]. The Netherlands: Springer Netherlands.

LEBOURGEOIS F, DRIRA F, GACEB D, et al., 2013. Fast integral meanshift: Application to color segmentation of document images[C]// International Conference on Document Analysis and Recognition.Washington: IEEE Computer Society: 52-56.

LI G, WU H, 2011. Weighted fragments-based meanshift tracking using color-texture histogram[J]. Journal of computer-aided design and computer graphics, 23(12): 2059-2066.

LIEBOWITZ D, CRIMINISI A, ZISSERMAN A, 2010. Creating architectural models from images[J]. Computer graphics forum, 18(3): 39-50.

LIN F, DONG X, CHEN B M, et al.,2012. A robust real-time embedded vision system on an unmanned rotorcraft for ground target following[J]. IEEE transactions on industrial electronics, 59(2): 1038-1049.

LIN X, XU Z, 2009. A Fast Algorithm for Erosion and Dilation in Mathematical Morphology[C]// WRI World Congress on Software Engineering. Xiamen: IEEE Computer Society, 2: 185-188.

LUTTON E, MAITRE H, LOPEZKRAHE J, 1994. Contribution to the determination of vanishing points using hough transform[J]. IEEE transactions on pattern analysis and machine intelligence, 16(4): 430-438.

MA S D, 1996. A self-calibration technique for active vision systems[J]. IEEE Transactions robotics automat, 12(1): 114-120.

MATTHIES L, KANADE T, SZELISKI R, 1989. Kalman filter-based algorithms for estimating depth from image sequences[J]. International journal of computer vision, 3(3): 209-238.

MATTHIES L, SZELISKI R, KANADE T, 1988. Incremental estimation of dense depth maps from image sequences[C]// International Conference on Computer Vision and Pattern Recognition. Ann Arbor: IEEE: 366-374.

MAYBANK S J, FAUGERAS O D, 1992. A theory of self-calibration of a moving camera[J]. International journal of computer vision, 8(2): 123-151.

MCGLONE J C, 2004. Manual of photogrammetry[J]. Photogrammetric record, 20(112): 390-392.

MCROBERTS R E, TOMPPO E O, ERIK N, 2010. Advances and emerging issues in national forest inventories[J]. Scandinavian journal of forest research, 25(4): 368-381.

MORI T, MORIOKA S, YAMAMOTO M, 1990. A dynamic depth extraction method[J]. Journal of the institute of television engineers of Japan, 42: 672-676.

NIUKKANEN A, ARPONEN O, NYKÄNEN A, et al., 2017. Quantitative volumetric k-means cluster segmentation of fibroglandular tissue and skin in breast MRI[J]. Journal of digital imaging(6): 1-10.

OLOFSSON K, HOLMGREN J, Olsson H, 2014. Tree stem and height measurements using terrestrial laser scanning and the RANSAC algorithm[J]. Remote sensing, 6(5): 4323-4344.

PARK J H, LEE G S, PARK S Y, 2009. Color image segmentation using adaptive mean shift and statistical model-based methods[J]. Computers and mathematics with applications, 57(6): 970-980.

QUAN L, MOHR R, 1989. Determining perspective structures using hierarchical Hough transform[J]. Pattern recognition letters, 9(4): 279-286.

ROTHER C, 2000. A new approach for vanishing point detection in architectural environments[J]. Image and vision computing, 20(9): 647-655.

RUDIN L I, 1995. Measure: an interactive tool for accurate forensic photo/videogrammetry[C]// The International Society for Optical Engineering. San Diego: Proceedings of SPIE, 2567(1): 73-83.

SAREMI H, KUMAR L, STONE C, et al., 2014. Sub-compartment variation in tree height, stem diameter and stocking in a pinus radiata D. Don plantation examined using airborne LiDAR data[J]. Remote sensing, 6(8): 7592-7609.

SAREMI H, KUMAR L, TURNER R, et al., 2014. Impact of local slope and aspect assessed from LiDAR records on tree diameter in radiata pine (Pinus radiata, D. Don) plantations[J]. Annals of forest science, 71(7): 771-780.

SCARAMUZZA D, MARTINELLI A, SIEGWART R, 2007. A toolbox for easily calibrating omnidirectional cameras[C]// International Conference on Intelligent Robots and Systems. Beijing: IEEE: 5695-5701.

SCHINDLER G, KRISHNAMURTHY P, LUBLINERMAN R, et al., 2008. Detecting and matching repeated patterns for automatic geo-tagging in urban environments[C]// International Computer Vision and Pattern Recognition. Anchorage: IEEE: 1-7.

SHAO M, SIMCHONY T, CHELLAPPA R, 1988. New algorithms from reconstruction of a 3-D depth map from one or more images[C]// International Computer Vision and Pattern Recognition. Ann Arbor: IEEE: 530-535.

SHARMA R P, VACEK Z, VACEK S, 2017. Modelling tree crown-to-bole diameter ratio for Norway spruce and European beech[J]. Silva fennica, 51(5): 1740.

SHI J, TOMASI C, 2002. Good features to track[C]//International Conference on Computer Vision and Pattern Recognition. Seattle: IEEE, 84(9): 593-600.

STARK B, ZHAO T, CHEN Y Q, 2016. An analysis of the effect of the bidirectional reflectance distribution function on remote sensing imagery accuracy from small unmanned aircraft systems[C]// International Conference on Unmanned Aircraft Systems. Arlington: IEEE: 1342-1350.

STURM P, 1998. Camera self-calibration: a case against Kruppa's equations[C]// International Conference on Image Processing. Chicago: IEEE, 2: 172-175.

STURM P, 2000. A case against kruppa's equations for camera self-calibration[C]// Transactions on Pattern Analysis and Machine Intelligence. Washington: IEEE, 22(10): 1199-1204.

SUN W, CHEN L, HU B, et al., 2012. Binocular vision-based position determination algorithm and system[C]// International Conference on Computer Distributed Control and Intelligent Environmental Monitoring. Zhangjiajie: IEEE:170-173.

SZELISKI R, 2010. Computer vision:algorithms and applications[M]. Berlin: Springer-Verlag.

Tao W, Jin H, Zhang Y, 2007. Color image segmentation based on mean shift and normalized cuts[J]. IEEE transactions on systems man and cybernetics, 37(5):1382.

TARDIF J P, 2009. Non-iterative approach for fast and accurate vanishing point detection[C]// International Conference on Computer Vision. Kyoto: IEEE:1250-1257.

TING F, ZHAO Y B, HU X L, et al., 2013. An improved meanshift insulator image segmentation algorithm[J]. Advanced materials research, 634-638: 3945-3949.

TRIGGS B, 1997. Autocalibration and the absolute quadric[C]// Conference on Computer Vision and Pattern Recognition. San Juan: IEEE Computer Society, 22(8): 609-619.

TSAI R Y, 1986. An efficient and accurate camera calibration technique for 3D machine vision[J]. Computer vision and pattern recognition: 364-374.

TSAI R Y, 1987. A versatile camera calibration technique for high-accuracy 3D machine vision metrology using off-the-shelf TV cameras and lenses[C]// Journal on Robotics and Automation. New York: IEEE Robotics and Automation Society, 3(4): 323-344.

WILES C, BRADY M, 1996. Ground plane motion camera models[M]. Berlin: Springer-Verlag Berlin.

XU W H, FENG Z K, SU Z F, et al., 2014. An automatic extraction algorithm for individual tree crown projection area and volume based on 3D point cloud data[J]. Spectroscopy and spectral analysis, 34(2): 465.

XU X, XU S, JIN L, et al., 2011. Characteristic analysis of OTSU threshold and its applications[J]. Pattern recognition letters, 32(7): 956-961.

ZABIH R D, VEKSLER O, BOYKOV Y, 2004. System and method for fast approximate energy minimization via graph cuts:US6744923 B1[P].

ZHANG D, 2017. Monocular vision for pose estimation in space based on cone projection[J]. Optical engineering, 56(10):1-11.

ZHANG J, HU J, 2008. Image segmentation based on 2d OTSU method with histogram analysis[C]// International Conference on Computer Science and Software Engineering. Wuhan: IEEE, 6: 105-108.

ZHANG Z Y, 2000. A flexible new technique for camera calibration[C]// IEEE Transactions on Pattern Analysis and Machine Intelligence, Washington: IEEE Computer Society: 1330-1334.

ZHENG L Y, ZHANG J T, WANG Q Y, 2009. Mean-shift-based color segmentation of images containing green vegetation.[J]. Computers and electronics in agriculture, 65(1): 93-98.

ZHANG Z Y, 1998. Determining the epipolar geometry and its uncertainty: A review[M]. Hingham：Kluwer Academic Publishers.